职业院校工业机器人技术专业教材

U0269516

Gongye Jiqiren Dianxing Yingyong

工业机器人典型应用

上海景格科技股份有限公司　组织编写

韩　勇　郑　重　主　　编

张玉莹　王　琦　副主编

吴义顺　主　　审

人民交通出版社股份有限公司

北京

内 容 提 要

本书为全国职业院校工业机器人技术专业教材,主要内容包括:工业机器人弧焊工作站系统集成、工业机器人点焊工作站系统集成、工业机器人分拣工作站系统集成、工业机器人码垛工业站系统集成。

本书可作为职业院校工业机器人等相关专业的教材,也可供工业机器人从业人员参考阅读。

图书在版编目(CIP)数据

工业机器人典型应用/韩勇,郑重主编.—北京:
人民交通出版社股份有限公司,2020.6
ISBN 978-7-114-16521-4

Ⅰ.①工… Ⅱ.①韩…②郑… Ⅲ.①工业机器人—
高等职业教育—教材 Ⅳ.①TP242.2

中国版本图书馆 CIP 数据核字(2020)第 076255 号

书　　名:	工业机器人典型应用
著 作 者:	韩　勇　郑　重
责任编辑:	李　良
责任校对:	孙国靖　魏佳宁
责任印制:	张　凯
出版发行:	人民交通出版社股份有限公司
地　　址:	(100011)北京市朝阳区安定门外外馆斜街 3 号
网　　址:	http://www.ccpcl.com.cn
销售电话:	(010)59757973
总 经 销:	人民交通出版社股份有限公司发行部
经　　销:	各地新华书店
印　　刷:	北京市密东印刷有限公司
开　　本:	787×1092　1/16
印　　张:	15.5
字　　数:	359 千
版　　次:	2020 年 6 月　第 1 版
印　　次:	2020 年 6 月　第 1 次印刷
书　　号:	ISBN 978-7-114-16521-4
定　　价:	39.00 元

(有印刷、装订质量问题的图书由本公司负责调换)

前言
PREFACE

目前,我国的工业化水平不断提升,工业机器人在工业领域内的应用范围越来越广泛,各企业对于工业机器人技术人才的需求不断增加。为了推进工业机器人专业的职业教育课程改革和教材建设进程,人民交通出版社股份有限公司特组织相关院校与企业专家共同编写了职业院校工业机器人专业教材,以供职业院校教学使用。

本套教材在总结了众多职业院校工业机器人专业的培养方案与课程开设现状的基础上,根据《国家中长期教育改革和发展规划纲要(2010—2020年)》的精神,注重以学生就业为导向,以培养能力为本位,教材内容符合工业机器人专业方向教学要求,适应相关智能制造类企业对技能型人才的要求。本套教材具有以下特色:

1.本套教材注重实用性,体现先进性,保证科学性,突出实践性,贯穿可操作性,反映了工业机器人技术领域的新知识、新技术、新工艺和新标准,其工艺过程尽可能与实际工作情景一致。

2.本套教材以理实一体化作为核心课程改革理念,教材理论内容浅显易懂,实操内容贴合生产一线,将知识传授、技能训练融为一体,体现"做中学、学中做"的职教思想。

3.本套教材文字简洁,通俗易懂,以图代文,图文并茂,形象生动,容易培养学生的学习兴趣,提高学习效果。

4.本套教材配套了立体化教学资源,对教学中重点、难点,以二维码的形式配备了数字资源。

《工业机器人典型应用》为本套教材之一,主要内容包括:工业机器人弧焊工作站系统集成、工业机器人点焊工作站系统集成、工业机器人分拣工作站系统集成、工业机器人码垛工业站系统集成。

本书由上海景格科技股份有限公司组织编写,由成都工业职业技术学院高级工程师、工业机器人技术专业带头人韩勇教授,上海景格科技高级产品经理郑重担任主编,由上海景格科技课程设计师张玉莹、王琦担任副主编,由淮南职业技术学院吴义顺任主审。参与教材编写的还有侯筱菡、吉李平、钱伟、于恒、刘磊等。在编写过程中,编者参考了很多资料,在此一并表示真挚的感谢。

由于编者水平、经验和掌握的资料有限,加之编写时间仓促,书中难免存在不妥或错误之处,请广大读者不吝赐教,提出宝贵意见。

编　者
2019 年 12 月

目 录
CONTENTS

模块一　工业机器人弧焊工作站系统集成

项目一　弧焊工作站的认知

 知识导图

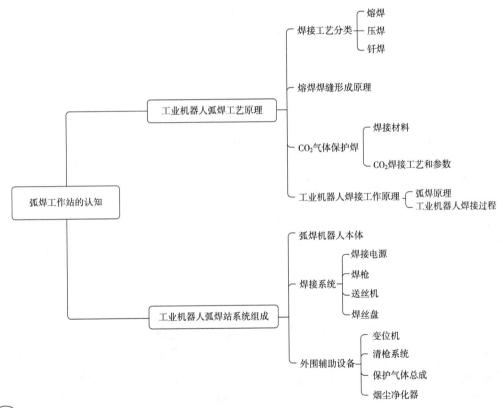

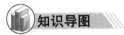 项目导入

　　焊接是现代机械制造行业不可缺少的加工工艺,但由于焊接工艺复杂、焊接过程可能对人体产生危害等原因,使得焊接工艺对于自动化、机械化的要求极为迫切,实现机器人自动焊接代替人工操作是焊接发展的必然趋势。本项目介绍了焊接机器人应用及发展趋势、机器人焊接基本原理及机器人焊接系统组成等方面内容。

学习目标

1. 知识目标

(1) 了解工业机器人焊接应用技术的历史和发展趋势;

(2) 熟悉焊接应用技术的基本原理;

(3) 熟悉工业机器人弧焊工作站结构和功能。

2. 情感目标

(1) 增长见识,激发学习的兴趣;

(2) 关注我国弧焊机器人行业,初步了解弧焊机器人工作原理及设备组成,学习工业机器人弧焊站系统集成的思路,培养团队协作精神,树立为我国弧焊机器人的应用及发展努力学习的目标。

任务一 工业机器人弧焊工艺原理

任务目标

1. 知识目标

(1) 了解工业机器人焊接分类;

(2) 了解焊缝成型原理;

(3) 熟悉 CO_2 气体保护焊的焊接工艺参数;

(4) 熟悉工业机器人焊接原理。

2. 教学重点

(1) CO_2 气体保护焊的焊接工艺参数;

(2) 工业机器人焊接原理。

任务知识

一、焊接工艺分类

使两个物体接合的方法有机械接合法和冶金接合法两种,焊接属于冶金接合法。焊接,也可以称为熔焊、熔接,是两种或以上材质(同种或异种)通过加热、加压,或两者兼用的方式,产生原子间结合现象的加工工艺和连接方式。焊接应用广泛,既可用于金属,也可用于非金属。

根据焊接工艺的不同,焊接方法可分为熔焊、压焊和钎焊三类,如图 1-1-1 所示。

1. 熔焊

熔焊是在焊接过程中将焊件接头加热至熔化状态,在不施加压力的条件下完成焊接的方法。由于被焊工件是紧密贴在一起的,在温度场、重力等作用下,不施加压力,两个工件熔化的熔液会发生混合,待温度降低后,熔化部分凝结,两个工件就被牢固地焊在一起,如图 1-1-2 所示。

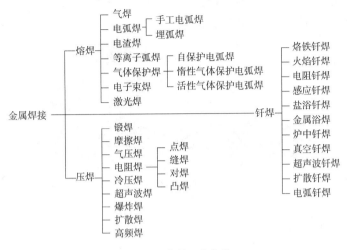

图 1-1-1　焊接工艺分类

2. 压焊

压焊是指在加热或不加热状态下对组合焊件施加一定压力,使其产生塑性变形或融化,并通过再结晶和扩散等作用,使两个分离表面的原子达到形成金属键而连接的焊接方法。电阻焊是压焊中应用最广泛的一种焊接方法,主要包括点焊(图 1-1-3)、缝焊、对焊和凸焊。

图 1-1-2　熔焊(气体保护焊)

图 1-1-3　点焊

3. 钎焊

钎焊是指低于焊件熔点的钎料和焊件同时加热到钎料熔化温度后,利用液态钎料填充固态工件的缝隙使金属连接的焊接方法。钎焊时,首先要去除母材接触面上的氧化膜和油污,以利于毛细管在钎料熔化后发挥作用,增加钎料的润湿性和毛细流动性。根据钎料熔点的不同,钎焊又分为硬钎焊和软钎焊(图 1-1-4)。

二、熔焊焊缝形成原理

本节以熔化极气体保护焊阐述熔焊焊缝形成原理。如图 1-1-5 所示,熔化极气体保护焊在焊接过程中,焊丝和母材两极间产生强烈而持久的气体

图 1-1-4　钎焊

放电现象,产生大量的热能使焊丝和母材融化,焊丝前端熔化成熔滴熔入熔池中,熔滴冷却后形成焊缝。在焊接过程中保护气体用于保护金属熔滴和熔池免受外界气体(氢、氧、氮)的侵入。

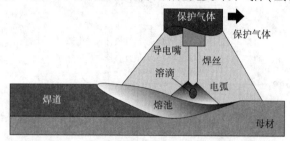

图 1-1-5　熔化极气体保护焊焊缝形成原理

三、CO₂气体保护焊

CO₂气体保护焊是熔化极气体保护焊的一种,采用 CO₂气体作为保护介质,焊接时 CO₂气体通过焊枪的喷嘴,沿焊丝周围喷射出来,在电弧周围形成气体保护层,机械地将焊接电弧及熔池与空气隔离,从而避免了有害气体的侵入,保证焊接过程稳定,以获得优质的焊缝,如图 1-1-6 所示。

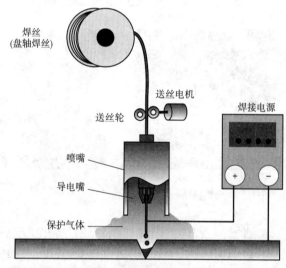

图 1-1-6　CO₂气体保护焊工作原理

1. 焊接材料

(1)CO₂气体。

常态下 CO₂是一种无色、无味、性能稳定的气体。密度为 $1.967kg/m^3$,密度比空气大,比空气重,因此焊接时可以排除空气,从而起到保护熔池的作用。焊接用的 CO₂是将其压缩成液态储存于钢瓶中。

常用的 CO₂气瓶容量为 40L,可以装 25L 的液态 CO₂。CO₂气瓶一般为铝白色,瓶体标有"二氧化碳",字体为黑色。满瓶的压力为 5～7MPa。如果 CO₂纯度达不到要求,则进行提纯。提纯方法是静置 30min,倒置排水分,正置排杂气,重复两次。

（2）焊丝。

因 CO_2 是一种氧化性气体，在电弧高温区分解为 CO 和 O_2，具有强烈的氧化作用，会使合金元素烧损，所以，为了防止气孔、减少飞溅和保证焊缝具有较高的机械性能，CO_2 焊时必须采用含有 Si、Mn 等脱氧元素的焊丝。

CO_2 焊使用的焊丝既是填充金属又是电极，所以，焊丝既要保证一定的化学性能和机械性能，又要保证具有良好的导电性能和工艺性能。CO_2 焊所用的焊丝直径一般为 $0.5 \sim 5\text{mm}$。

2. CO_2 焊接工艺和参数

（1）焊接电流。

焊接电流是焊接时回路电流，其大小与板厚、焊接位置、焊接速度、材质等参数有关，焊丝直径与焊接电流的关系见表 1-1-1。焊接电流越大，熔深和余高都相应增加。

焊丝直径与焊接电流关系 表 1-1-1

焊丝直径(mm)	焊接电流(A)(短路过渡)	焊丝直径(mm)	焊接电流(A)(短路过渡)
0.8	$60 \sim 160$	1.6	$100 \sim 180$
1.2	$100 \sim 175$	2.4	$150 \sim 200$

（2）焊接电压。

焊接电压提供焊接能量，焊接电压越高，焊接能量越大，焊丝熔化速度就越快，焊缝熔深变浅、焊缝变宽、焊缝余高降低。短路过渡时，通常焊接电压为 $16 \sim 24\text{V}$。

焊接电压可以根据以下公式进行估算：

当焊接电流 $<300\text{A}$ 时

$$焊接电压 = (0.04 \times 焊接电流 + 16 \pm 1.5)\text{V}$$

当焊接电流 $>300\text{A}$ 时

$$焊接电压 = (0.04 \times 焊接电流 + 20 \pm 2)\text{V}$$

示例 1 选定焊接电流 200A，则焊接电压计算过程如下：

$$焊接电压 = (0.04 \times 200 + 16 \pm 1.5)\text{V}$$
$$= (8 + 16 \pm 1.5)\text{V} = (24 \pm 1.5)\text{V}$$

示例 2 选定焊接电流 400A，则焊接电压计算过程如下：

$$焊接电压 = (0.04 \times 400 + 20 \pm 2)\text{V}$$
$$= (16 + 202)\text{V} = (36 \pm 2)\text{V}$$

（3）焊接速度。

焊接速度是指单位时间内完成的焊缝的长度。焊接速度过快时，焊道变窄，熔深和余高变小；焊接速度过慢时，余高变大，焊接变形变大，因此需根据焊丝直径、焊接电流和焊接电压，现场调试焊接速度。

（4）焊丝伸出长度。

如图 1-1-7 所示，焊丝伸出长度是导电嘴端头到焊丝端口之间的距离，焊丝的伸出长度取决于焊丝的直径。其计算方法如下。

电流小于 300A 时：

$$L = (10 \sim 15) 倍焊丝直径$$

电流大于 300A 时：

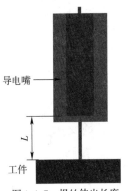

图 1-1-7 焊丝伸出长度

$$L = (10 \sim 15) 倍焊丝直径 + 5mm$$

伸出长度过长,气体保护效果不好,易产生气孔,引弧性能差,电弧不稳、飞溅大,熔深变浅,成型变坏;长度过短,看不清电弧,易造成飞溅物堵塞喷嘴,熔深变深,焊丝与导电嘴粘连。

四、工业机器人焊接工作原理

1. 弧焊原理

弧焊机器人常采用熔化极焊接技术,焊枪接电源正极,工件接电源负极。当焊接时,焊枪的焊丝与工件间的正负极短路,产生电弧及大量热能,进而融化焊丝与母材达到焊接效果。焊接过程中重复"短路→电弧"循环,使母材与焊丝融化,焊成一体,如图1-1-8所示。

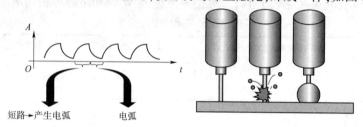

图1-1-8 弧焊焊接原理

2. 工业机器人弧焊过程

工业机器人弧焊周期包括四个阶段:引弧阶段、加热阶段、焊接阶段和收弧阶段,如图1-1-9所示。

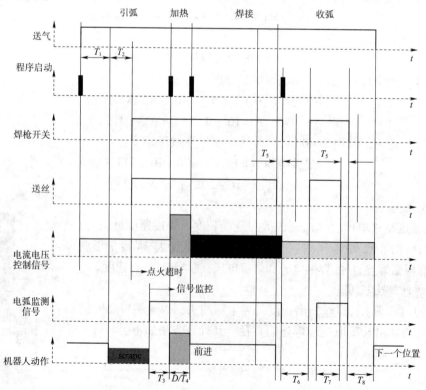

图1-1-9 机器人弧焊过程

焊接过程的时序见表 1-1-2。

机器人的焊接过程时序
表 1-1-2

时　间	说　明	焊接阶段
T_1	气管充气时间	引弧阶段
T_2	预先送气时间	
T_3	引弧动作延时	
D/T_4	加热距离/时间	加热阶段
T_5	回烧时间	收弧阶段
T_6	冷却时间	
T_7	填弧坑时间	
T_8	滞后送气时间	

（1）引弧阶段。

在引弧之前，保护气体开始填充气路（T_1），为引弧做好准备；气路填充完成后，打开送丝机上控制气路的电磁阀为焊枪送气（T_2），焊枪口喷嘴喷出保护气体；在送气时间（T_2）后，送丝机送丝划擦工件短路引弧，引弧成功后等待电弧稳定（T_3），然后执行后续操作。

（2）加热阶段。

焊接开始前，焊件温度较低，需要加热达到焊接的要求。

（3）焊接阶段。

此阶段为焊接过程主要阶段，按照预先设定的焊接工艺参数（焊接电压、送丝速度、电流），机器人执行焊接。焊接结束后，T_5 为焊丝回烧时间，切断工件与焊丝之间的连接，防止粘丝。

（4）收弧阶段。

在电弧结束后，为消除电弧中断产生的弧坑，需要在收弧时填弧坑（T_7）。焊丝回烧后，经过短时间冷却（T_6），机器人控制送丝填满弧坑，再经过焊丝回烧后，持续送气冷却（T_8），然后收弧阶段结束。

任务二　工业机器人弧焊站系统组成

任务目标

1. 知识目标

（1）熟悉工业机器人弧焊站系统组成；

（2）了解组成设备的基本功能。

2. 教学重点

工业机器人弧焊站系统组成及设备的主要功能。

任务知识

工业机器人弧焊工作站是利用工业机器人结合弧焊工艺的焊接加工系统，可以完成对板型、管型等复杂零件的焊接加工。弧焊工作站系统组成如图 1-1-10 所示,主要由弧焊机器人、变位机、清枪机、焊接电源、烟尘净化器、气瓶等组成。

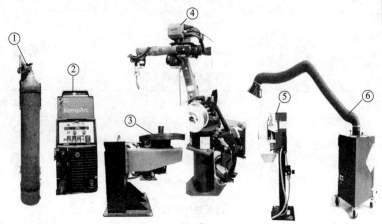

图 1-1-10　工业机器人弧焊工作站系统组成

①-气瓶;②-焊接电源;③-变位机;④-弧焊机器人;⑤-清枪机;⑥-烟尘净化器

1. 弧焊机器人本体

弧焊机器人本体也称机械手,是工业机器人的机械主体,也是弧焊工作站的核心部件,其主要任务是夹持焊枪执行焊接运动。机械手一般由互相连接的机械臂、驱动与传动装置以及各种内外部传感器组成。如图 1-1-11 所示,本弧焊工作站使用的是 KUKA KR5 arc 弧焊机器人。

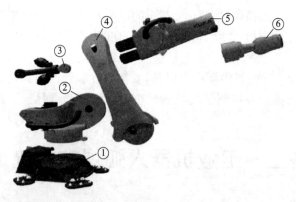

图 1-1-11　机器人的机械零部件组成

①-底座;②-转盘;③-平衡配重;④-大臂;⑤-小臂;⑥-腕部

KUKA KR5 arc 弧焊机器人技术参数见表 1-1-3。

KUKA KR5 arc 弧焊机器人技术参数　　　　　　　　　　　　表 1-1-3

参 数 名 称	参 数 值	参 数 名 称	参 数 值
轴数	6 轴	负载	5kg
工作最大范围	1412mm	重复定位精度	±0.04mm
防护等级	IP54	本体质量	127kg

2. 焊接电源

焊接电源是执行焊接作业的核心部件,为焊接作业提供能量输入。焊接电源的发展不断向着数字化方向迈进,而弧焊机器人焊接电源发展方向是全数字化焊机。全数字化是指焊接参数数字信号处理器、主控系统、显示系统和送丝系统全部都是数字式,所以电压和电流的反馈模拟信号必须经过转换,与主控系统输出的要求值进行对比,然后控制逆变电源的输出。一般焊丝为细丝时,相应配用平外特性的焊接电源;焊丝为粗丝时,配用下降外特性的焊接电源。本焊接系统采用肯比全数字化焊机(Kemparc Syn 400),实现短路过渡的精确控制,保证持续稳定的焊接品质。通过示教器操作控制焊接电源(图 1-1-12),可便捷地调整焊接参数以满足不同的焊接需求。

图 1-1-12　KEMPII 焊接电源

3. 变位机

焊接变位机是用来改变待焊工件位置,将待焊件焊缝调整至理想位置进行施焊作业的设备。通过变位机对待焊工件的位置转变,可以实现单工位全方向的焊接加工应用,提高焊接机器人的应用效率,确保焊接质量。

焊接变位机承载工件及焊接所需工装,主要作用是实现焊接过程中将工件进行翻转变位,以便获得最佳的焊接位置,可缩短辅助时间,提高劳动生产率,改善焊接质量,是机器人焊接作业不可缺少的周边设备。如果采用伺服电机驱动变位机翻转,可作为机器人的外部轴,与机器人实现联动,达到同步运行的目的。本弧焊工作站采用的单轴回转伺服变位机,可实现与机器人的耦合同步运动,如图 1-1-13 所示。

4. 送丝机

送丝机是为焊枪自动输送焊丝的装置,如图 1-1-14 所示。主要由送丝电机、压紧机构、送丝滚轮(主动轮、从动轮)等组成。送丝电机驱动主动送丝轮旋转,为送丝提供动力,从动轮将焊丝压入送丝轮上的送丝槽,增大焊丝与送丝轮的摩擦,将焊丝修整平直,平稳送出,使进入焊枪的焊丝在焊接过程中不会出现卡丝现象。加压手柄用于调整压丝轮的压力值。

图 1-1-13　单轴回转变位机

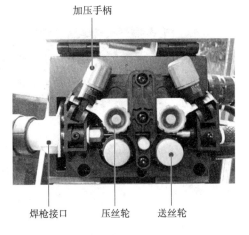

加压手柄

焊枪接口　　压丝轮　　送丝轮

图 1-1-14　送丝机

5. 焊枪

焊枪的作用是导电、导丝、导气。焊枪焊接时,由于焊接电流通过导电嘴将产生电阻热和电弧的辐射热,会使焊枪发热,所以焊枪常需冷却,冷却方式有气冷和水冷两种。当焊接电流在 300A 以上,宜采用水冷焊枪。焊枪在工业机器人上的安装形式可分为内置、外置两种。如图 1-1-15a)所示,焊枪及气管、电缆、焊丝通过支架安装在机器人的手腕上,气管、电缆、焊丝从手腕、手臂外部引入,这种焊枪称为外置焊枪。如图 1-1-15b)所示,焊枪直接安装在手腕上,气管、电缆、焊丝从机器人手腕、手臂内部引入,这种焊枪称为内置焊枪。

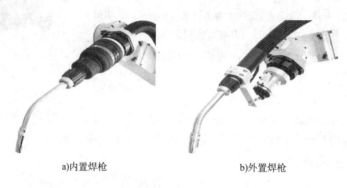

a)内置焊枪   b)外置焊枪

图 1-1-15 焊枪外形

6. 焊丝盘

焊丝盘用于缠绕并封装焊丝,可安装在机器人外部轴端,也可安装在地面的焊丝盘架上。本弧焊工作站的焊丝盘安装在机器人外部轴端,如图 1-1-16 所示。焊丝绕出焊丝盘后,通过导管与送丝机夹紧连接,再由送丝机供给至焊枪。

7. 保护气体总成

气瓶总成由气瓶、减压器、PVC 气管等组成。气瓶出口处安装了减压器,减压器由流量调节旋钮、加热器、压力表、流量表等部分组成。气瓶中装有 $80\% CO_2 + 20\% Ar$ 的保护焊气体,如图 1-1-17 所示。

图 1-1-16 焊丝盘

流量表   压力表   气瓶阀

流量调节旋钮   加热器   40L气瓶

图 1-1-17 保护气体结构组成

8. 清枪系统

工业机器人焊枪经过焊接后,内壁会积累大量的焊渣,影响焊接质量,因此需要使用清枪系统定期清理焊渣;另外,焊接过程中,焊丝过短、过长或焊丝端头呈球形,也可以通过清枪系统处理。清枪系统主要包括清枪、剪丝及喷油功能(图1-1-18)。

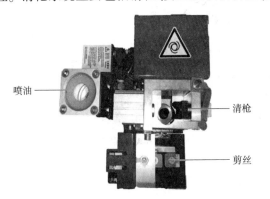

喷油　　清枪　　剪丝

图 1-1-18　清枪系统

9. 烟尘净化器

烟尘净化器(净化器)是一种工业环保设备,焊接产生的烟尘被风机负压吸入净化器内部,大颗粒飘尘被均流板和初滤网过滤而沉积下来;进入净化装置的微小级烟雾和废气通过废气装置内部被过滤和分解后排出达标气体。本弧焊工作站所用的是单机式焊烟净化器。

课后习题

一、填空题

(1)根据焊接工艺的不同,可以把焊接方法分为_____、_____和_____三类。

(2)在焊接过程中,金属熔滴向熔池过渡,根据熔滴过渡的形状不同,可以分为_____、_____和_____三种过渡形式。

(3)一个机器人焊接周期包括 _____、_____、_____和_____四个阶段。

(4)焊枪的主要作用是_____、_____、_____;焊枪按安装形式可分为_____和_____两种。

(5)清枪系统主要有_____、_____、_____三种功能。

(6)保护气体总成的减压器由_____、_____、_____、_____组成,其中_____可以调节气体输出压力。

二、计算题

(1)当焊接电流等于215A 时,焊接电压估算为多少?

(2)当焊接电压为355A 时,焊接电压估算为多少?

三、简答题

(1)CO_2气体保护焊的优点有哪些?

（2）熔化极气体保护焊中焊缝形成的原理是什么？

（3）KuKA KR5 arc 弧焊机器人的主要技术参数有哪些？

（4）清枪系统的三个工位各完成哪些功能？

项 目 小 结

本项目内容主要包括弧焊工作站的认知与工业机器人弧焊站系统组成两个任务。弧焊工作站的认知讲述了工业机器人弧焊站系统的组成及组成设备主要功能,学生主要了解工业机器人弧焊站基本设备组成、设备参数及功能、设备选型,培养工业机器人弧焊站系统集成的策划思路,为工作站系统集成奠定基础;工业机器人弧焊站系统组成讲述了焊接分类、CO_2气体保护焊弧焊工艺参数及工业机器人焊接工作原理,学生可以初步了解焊接工作原理、CO_2气体保护焊主要焊接工艺参数、工业机器人焊接原理及弧焊周期的四个阶段,掌握焊接电压和电流等重要工艺参数的估算,为后续的实操项目奠定了理论知识基础。

项目二 弧焊工作站的系统配置

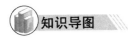知识导图

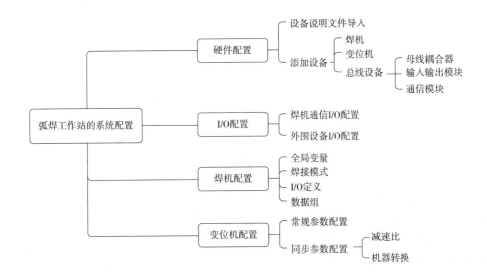

项目导入

为了实现在机器人端直接控制焊接电源、送丝设备、送气设备的动作,KUKA 弧焊机器人控制系统中安装了弧焊工艺包,内置了焊接过程的控制程序,定义了标准的焊接指令联机表单,以方便与焊机系统的数据交互。弧焊工艺包相当于集成了许多焊接专用功能的工具箱,为操作者提供灵活的标准操作工具。基于弧焊工艺包的支持,操作者可以实现在示教器上自行定义焊接参数(包括引燃参数、焊接参数及摆动参数)及信号参数,并将参数传输到机器人系统,灵活控制焊接过程。

为了实现机器人对焊接过程的控制,在焊接之前,需要对焊接系统设备、焊接设备参数及 I/O 信号进行配置。本节详细讲解设备参数配置及 I/O 配置。

学习目标

1. 知识目标

(1)熟悉设备硬件配置;

(2)掌握焊接控制系统 I/O 信号配置;

(3)掌握利用信号手动调试焊接设备的能力。

2.情感目标

(1)理实结合、激发学习兴趣;

(2)分组练习,培养规范操作能力,养成团结协作精神。

任务一　设备配置

1.知识目标

(1)了解弧焊工作站系统软件集成需要配置的设备;

(2)掌握在WorkVisual中添加硬件设备的能力,包括焊机、变位机、通信总线、I/O模块等。

2.教学重点

在WorkVisual中添加硬件设备的方法和步骤。

一、设备配置原理

典型的工业机器人弧焊工作站是由机器人系统、焊接系统及外围系统等组成,为了使机器人控制系统与外部设备进行数据交互,首先必须将需要进行数据交互的设备加入到KRC4控制系统中,让机器人系统知道项目的设备组成,以备后续进行I/O配置和焊机配置。

设备配置前,需要将设备说明文件导入(* . GSD、 * . XML)到WorkVisual中DTM样本中,这样才能在WorkVisual中找到该设备,并将之添加到项目中去。配置硬件设备时,首先将计算机与机器人的KLI接口连接,将机器人控制系统上传到计算机的WorkVisual,由WorkVisual根据设备组成进行设备配置。配置流程如图1-2-1所示。

图1-2-1　设备配置流程

二、设备说明文件导入

KUKA机器人WorkVisual平台软件提供了设备文件导入功能,可以将不同厂家生产的设备集成在同一总线系统中,但导入文件格式必须是 * . GSD、 * . XML、GSDML等标准格式。成功导入后,DTM样本进行集中管理,实现设备在项目中的添加、设置、删除等功能。设备说明文件的导入有两种途径,包括全搜索导入和单个文件导入。

注:导入的前提是不得打开和激活任何项目。

1. 全搜索导入

全搜索导入是将设备说明文件放入指定路径,然后在 WorkViusal 中用"DTM 样本管理"功能进行搜索加入。

(1)放入文件。

将文件放入指定路径 C:\ ProgramData \ KUKA Roboter GmbH \ Device Descriptions,根据文件类型分别放入不同的文件夹中,例如:XML 文件放入 ESI 中,GSD 格式放入 GSD 文件中,GSDML 格式文件放入 GSDML,如图 1-2-2 所示。

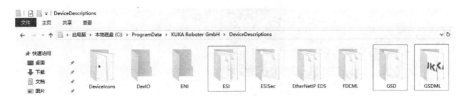

图 1-2-2　文件放入路径

(2)在 WorkVisual 中搜索添加。

①点击菜单"工具 > DTM 样本管理",单击"查找安装的 DTM",如图 1-2-3 所示。

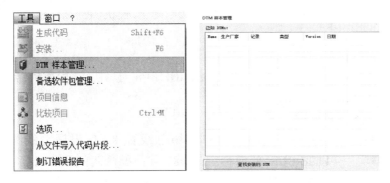

图 1-2-3　DTM 样本管理

②全搜索完成后,路径下存放的所有设备说明文件显示在左边图框中(图 1-2-4)。单击" >> "全部导入,点击" > "单个导入,导入完成后,单击"OK"。

图 1-2-4　导入 DTM 样本中

2.单个导入

单个导入在 WorkVisual 菜单选择"文件 > Import/Export",在弹出对话框中选择"导入设备说明文件",并根据提示要求进行导入(图 1-2-5)。

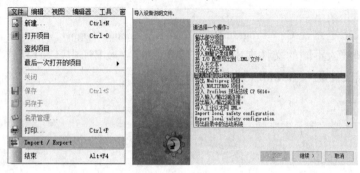

图 1-2-5 单个文件导入

三、设备硬件组成

工业机器人弧焊站的设备配置主要包括焊接电源、变位机、通信模块及 I/O 模块等。

1.通信模块 EL6731

本系统使用 Kemppi ArcSyn 焊机,通信为 PROFIBUS 通信协议,因此机器人端选用了倍福 EL6731 通信模块。

(1)PROFIBUS 通信概述。

PROFIBUS 是一个用于自动化技术的现场总线标准,是程序总线网络(PROcess

FIeld BUS)的简称,于 1987 年由德国西门子公司等十四家公司及五个研究机构联合推出。该通信属于单元级、现场级的 SIMITAC 网络,适合于传输中小量的数据,物理介质可以是屏蔽双绞线、光纤及无线传输。

(2)EL6731 模块。

PROFIBUS 主站端子模块 EL6731 通过 EtherCAT 进行连接,可实现 PROFIBUS 协议的所有功能(图 1-2-6)。在 EtherCAT 端子模块网络中,可以通过该端子模块集成任何 PROFIBUS 设备。由于使用了专门开发的 PROFIBUS 芯片,这些端子模块拥有最新的 PROFIBUS 技术,即拥有用于轴控制和扩展诊断功能的高精度同步模式。这些主站是唯一支持从站不同轮询速率的主站。

2.EtherCAT 设备

EtherCAT 是 EtherCAT Technology Group 公司推出的一种以以太网为基础的开放式现场总线系统,EtherCAT 使用以太网网络线路作为传输介质。KUKA 机器人没有设置专门的端口与外部进行信号传输,但提供了基于 EtherCat 的 E-BUS 总线用于扩展外部端口,可

图 1-2-6 PROFIBUS EL6731 通信模块

通过 WorkVisual 进行扩展。当需要连接 KRC4 控制柜里面的数字输入/输出端时,可由一个总线耦合器模块、一个输入模块和一个输出模块进行连接。

(1)总线耦合器 EK1100。

总线耦合器是通过以太网与控制柜(CCU)的 X44 端口(E – BUS)相连,作为 KUKA 机器人与外部输入/输出端口的中间连接模块。每一个机器人必须拥有一个总线耦合器,并可根据端口数量配置数字或模拟输入输出端,如图 1-2-7 所示。

(2)数字输入端 EL1809。

EL1809 是 16 位数字输入端模块,连接在 EK1100 上,通过 EK1100 的 E – BUS 总线与机器人相连。EL1809 的信号采集端口类似于 PLC 的输入端口,将外部信号以电位隔离式传送给母线耦合器,并借助模块上的发光二极管指示信号状态,如图 1-2-8 所示。

(3)数字输出端 EL2809。

EL2809 是 16 位数字输出端模块,连接在 EK1100 上,通过 EK1100 的 E – BUS 总线与机器人相连。EL2809 的信号采集端口类似于 PLC 的输出端口,将外部信号以电位隔离式与母线耦合器相连,并借助模块上的发光二极管指示信号状态。如图 1-2-9 所示。

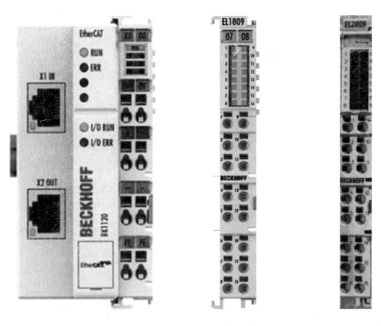

图 1-2-7　EK1100　　　　图 1-2-8　EL1809　　　　图 1-2-9　EL2809

注:机器人与外部设备之间的连接,必须通过母线耦合器,因此母线耦合器是机器人实现外部连接的必须与必备的第一站设备。

任务实施——设备配置

1.任务要求

(1)导入设备说明文件。

(2)根据表 1-2-1 设备清单进行设备配置。

焊接设备配置清单 表 1-2-1

序号	设 备 名 称	规　　格	说　　明
1	焊接电源	Kemparc Syn 400	焊机样本由 ArcTechBasic 提供
2	变位机	MX_110_130_40_S0	单轴回旋式变位机
3	PROFIBUS 通信模块	EL6731	机器人与焊机 PROFIBUS 通信模块
4	母线耦合器	EK1100	外部 I/O 模块连接器
5	16 通道数字输入模块	EL1809	倍福 16 位数字输入
6	16 通道数字输出模块	EL2809	倍福 16 位数字输出

2. 任务操作

(1) 导入设备说明文件。将设备说明文件拷贝至:C:\ProgramData\KUKA Roboter GmbH \DeviceDescriptions\ESI(图 1-2-10)。

(2) 打开 WorkVisual 软件,不打开或激活任何项目(图 1-2-11)。

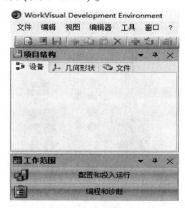

图 1-2-10　操作步骤(1)　　　　　　　图 1-2-11　操作步骤(2)

(3) 单击菜单"工具 > DTM 样本管理"(图 1-2-12)。

(4) 在弹出对话框中单击"查找安装的 DTM",系统自动查找放置在路径下的设备文件: C:\ProgramData\KUKA Roboter GmbH\DeviceDescriptions(图 1-2-13)。

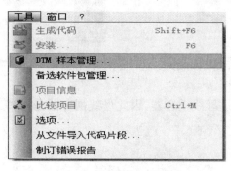

图 1-2-12　操作步骤(3)　　　　　　　图 1-2-13　操作步骤(4)

(5) 根据搜索结果,单击全部导入按键" >> ",将所有设备文件导入系统的 DTM 样本中 (图 1-2-14)。

（6）图1-2-15 是导入以后的 DTM 样本列表，至此设备说明文件就导入系统中了。

图1-2-14 操作步骤(5)

图1-2-15 操作步骤(6)

（7）鼠标左键双击打开配置的工业机器人弧焊站项目，双击控制柜，激活项目(图1-2-16)。

（8）在 WorkVisual 中用鼠标用右键单击"控制柜"，在菜单中选择"添加"(图1-2-17)。

图1-2-16 操作步骤(7)

图1-2-17 操作步骤(8)

（9）在"Options"中选择"Kemppi" > "Kemppi ArcSyn Channel"，单击"添加"(图1-2-18)。

（10）设备导航页上出现"Kemppi ArcSyn Channel"，完成焊机添加(图1-2-19)。

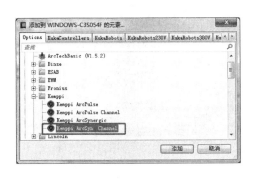

图1-2-18 操作步骤(9)

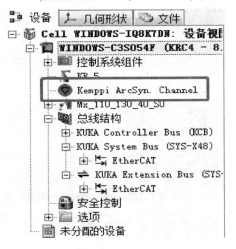

图1-2-19 操作步骤(10)

（11）参考步骤(8)～(10)，在"KukaDrivenematics"选项中，选择"ME_110_130_40_S0"单击"添加"，完成变位机配置(图1-2-20)。

（12）鼠标右键单击"总线结构"，然后选择"添加"(图1-2-21)。

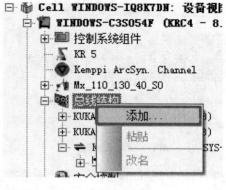

图 1-2-20　操作步骤(11)　　　　　　图 1-2-21　操作步骤(12)

(13)选择"SYS – X44"外部总线(图 1-2-22)。

(14)鼠标右键单击"EtherCAT",选择"添加",进入外部总线设备的配置(图 1-2-23)。

图 1-2-22　操作步骤(13)　　　　　　图 1-2-23　操作步骤(14)

(15)选择母线耦合器"EK1100",单击"OK"后完成 EK1100 的硬件配置(图 1-2-24)。

注:多个 EK1100 中,选择版本最高的设备。

(16)鼠标右键单击"EK1100",点击"添加",增加输入/输出模块(图 1-2-25)。

图 1-2-24　操作步骤(15)　　　　　　图 1-2-25　操作步骤(16)

(17)分别选择 16 位数字输入模块 EL1809 和 16 位数字输出模块 EL2809,单击"OK",完成输入/输出模块硬件配置(图 1-2-26、图 1-2-27)。

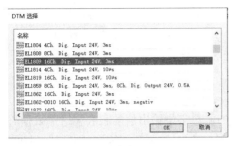

图 1-2-26　操作步骤(17)(1)

图 1-2-27　操作步骤(17)(2)

(18)参考步骤(16)～(18),选择 PROFIBUS 通信模块 EL6731,单击"OK",完成通信模块配置(图 1-2-28)。

(19)硬件配置完成后,导航器将分别增加焊机、变位机、EK1100、EL1809、EL2809及 EL6731(图 1-2-29)。

图 1-2-28　操作步骤(18)

图 1-2-29　操作步骤(19)

任务二　焊接控制系统 I/O 信号配置

 任务目标

1.知识目标

(1)熟悉焊接系统 I/O 信号类型;

(2)掌握信号关联方法,实现信号传输。

2.教学重点

(1)I/O 信号的配置;

(2)机器人与设备地址的关联。

 任务知识

一、I/O 信号配置

在实际焊接过程中,工业机器人控制整个焊接过程,这就意味着机器人与外部焊机、送丝机、清枪机等设备之间有信号传输,信号用以实现机器人对设备的控制。在上一任务已经将设备配置到了 KUKA 系统中,本任务将通过配置 I/O 信号,选择机器人内部未使用地址(机器人内部 4096 个输入地址、4096 个输出地址)与焊机、清枪机的相关控制信号关联,在机器人端确定设备的总线地址,实现焊接指令、工艺参数的传输以及焊接过程的监控。

1. I/O 信号的类型

焊接控制系统使用到的 I/O 信号主要分为四类,即数字量输入信号、数字量输出信号、模拟量输入信号、模拟量输出信号。本弧焊工作站仅用到了数字量输出信号和数字量输入信号,通过 I/O 信号配置,对焊接过程中焊接电压、送丝速度、送气、检气、起弧状态等信号进行控制和监控。

(1)数字量输入信号。

数字量输入信号的作用是监测焊机和周边辅助设备的运行状态,并将相关监测信号作为系统运行的控制条件。本弧焊工作站部分数字量输入信号见表 1-2-2。

数字量输入信号 表 1-2-2

序　　号	信号名称	来自设备	信号型号	功能说明
1	起弧成功	焊机	1 位	高电平表示引弧成功
2	焊接过程激活	焊机	1 位	高电平表示激活成功
3	电源就绪	焊机	1 位	高电平表示焊机电源准备好
4	通信准备就绪	焊机	1 位	高电平表示焊机通信准备好
5	碰撞保险装置	内置防撞传感器	1 位	低电平表示撞击

(2)数字量输出信号。

数字量输出信号主要是控制焊接设备和周边设备的运行,主要分为焊机相关信号和辅助设备信号。焊机相关信号均通过 PROFIBUS 通信进行信号传输,而辅助设备信号均通过数字量端口进行信号传输。

机器人传送的焊机的参数中,焊接电压和送丝速度为 16 位数字量参数,分别对应 0~50V 和 0~25m/min。在焊接过程中,在示教器上输入模拟量参数,机器人将参数转化为数字量并通过 PROFIBUS 通信发送到焊机,焊机将数字量转化为对应的物理量分别控制焊接电压和送丝速度参数。本弧焊工作站的数量输出信号见表 1-2-3 所示。

数字量输出信号 表 1-2-3

序　　号	信号名称	控制设备	信号型号	功能说明
1	启动焊接	焊机	1 位	高电平表示控制焊机起弧
2	气体流动	焊机	1 位	高电平表示送气,低电平表示停止供气
3	焊丝前进	焊机	1 位	高电平表示送丝启动
4	焊丝后退	焊机	1 位	高电平表示抽丝启动
5	实时信号输出端	焊机	1 位	高电平表示模拟量信号来自机器人
6	焊接电压	焊机	16 位	0~50V 对应数字量 0~512
7	送丝速度	焊机	16 位	0~25m/min 对应数字量 0~256
8	清枪	清枪机	1 位	高电平表示启动清枪铰刀
9	剪丝	清枪机	1 位	高电平表示启动剪丝刀具进行剪丝
10	喷油	清枪机	1 位	高电平表示启动喷油

注:当需要机器人传送焊接电压和送丝速度时,"实时信号输出端"必须配置,否则焊接时的焊接电压和送丝速度来自于焊机,机器人输出模拟量无效。

2. KUKA 机器人 I/O 信号配置原理

本系统采用 KR5 ARC 弧焊机器人,该机器人控制系统内部有 4096 位数字输入端口和 4096 位数字输出端口,除系统安全防护使用端口(如紧急停止、防护门等)外,其余空余的端口都可以灵活地与外部的物理控制端口关联。I/O 信号配置主要分为两部分,包括焊机通信端口配置和外围设备端口配置。

(1)焊机通信端口 I/O 配置。

本弧焊工作站使用 Kemppi ArcSyn 焊机,该焊机的 PROFIBUS 通信数据为 8 字节的输入/输出数据,本弧焊工作站的机器人与焊机通信地址从 201~264,总共 8 字节数据(选择机器人内部 4096 个地址中的空闲地址)。因此,按照数据位,定义本弧焊工作站的通信 I/O 信号,并进行地址分配,将机器人内部 I/O 与焊机控制位关联起来,地址分配见表 1-2-4。

焊机通信 I/O 信号名称及地址分配 表 1-2-4

信 号 类 型	信 号 名 称	I/O 模块	机器人分配地址
DI	起弧成功	EL6731	242
	电源就绪		244
	焊接激活		241
	通信就绪		246
DO	启动焊接(Weld Start)		249
	气体流动		253
	焊丝前进		251
	焊丝后退		252
	实时信号输出端		256
	送丝速度		201~216
	焊接电压		217~232

注:1. 根据机器人内部总线地址使用情况,通信起始地址可变,只要选用机器人未使用的地址即可。

2. 地址选择应尽量选择连续地址,方便根据 I/O 数据通信表灵活计算。

(2)外围设备端口配置。

外围设备端口配置主要是控制和检测清枪机的端口,本弧焊工作站的 I/O 端口为 16 位,均选择机器人内部地址 1~16,按表 1-2-5 进行地址分配。

外围设备 I/O 信号名称及地址分配 表 1-2-5

信 号 类 型	信 号 名 称	I/O 模块	机器人分配地址
DI	清枪机准备	EL1809	1
	碰撞保险装置		11
DO	清枪	EL2809	1
	剪丝		2
	喷油		3

（3）I/O 关联的方法。

①I/O 关联编辑区域。

I/O 的关联是在 WorkVisual 软件界面中的"输入/输出线"选项中进行的,选项分为了五个工作区域(图 1-2-30),包括"KR C 输入/输出端""现场总线""关联列表""机器人端口""设备端口"。

"KR C 输入/输出端"主要选择需要关联的 I/O 端口类型,主要包括模拟输入端、模拟输出端、数字输入端、数字输出端,根据关联信号的类型进行选择。

"现场总线"主要是选择关联信号的外部设备,如本系统中的 EL1809(数字量输入)、EL2809(数字量输出)、EL6731(PROFIBUS 通信)。

"关联列表"主要展示机器人端口与外部设备端口已关联成功的信号。

"机器人端口"是机器人内部的 I/O 端口,其中 4096 个数字输入和 4096 个数字输出。

"设备端口"是外部设备定义的端口,如 EL1809 拥有 16 个数字输入信号通道、EL2809 拥有 16 个数字输出信号通道。

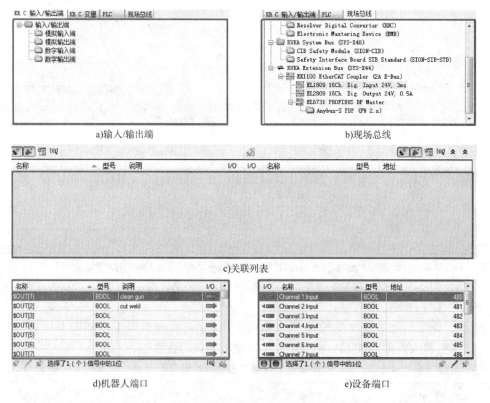

图 1-2-30　I/O 配置界面(编辑区域分为两部分,其中 a)、d)为机器人区域,b)、e)为总线设备区域)

②I/O 关联的常规步骤(以输入端口 EL1809 为例)。

a. 单击编辑区"输入/输出接线",在"KR C 输入/输出端"选择"数字输入端",在"现场总线"选择"EL1809"模块(图 1-2-31)。

b. 在"机器人端口"区域选择起始端口号(如 $IN[1]),在设备 EL1809 选择需关联的端口(如 Channel1. Input),单击图示红框中的"关联键"(图 1-2-32)。

图1-2-31　操作步骤a

图1-2-32　操作步骤b

c.关联好信号后,见图1-2-33。重复a、b可以将设备所有16个端口与机器人内部地址进行关联。

d.关联完成后EL1809的16位信号输入到机器人的1～16的输入地址。

拓展思考

若EL1809的第一位与机器人内部地址101位

图1-2-33　操作步骤c

开始关联,连续关联16位后,机器人信号地址即为101～116;若从1001开始关联,连续关联16位后,机器人信号地址为1001～1016。因此,可以看出机器人内部可供关联的地址非常多,只要没被使用都可关联,使用者可以自己灵活选择,关联后即确定了该设备信号在机器人端的唯一总线地址。

任务实施——I/O配置

1.任务要求

(1)EL1809和EL2809的I/O端口地址从1～16。

(2)DeviceNet通信地址从201配置,输入配置8字节,输出配置8字节。

(3)主站地址1,从站地址11,波特率1.5M。

2.任务操作

1)通信模块I/O配置

(1)按照肯比焊机8字节输入和8字节输出信号定义传输数据;右键单击设备导航器中"EL6731",单击添加(图1-2-34)。

(2)选择"Anybus-S PDP"单击"OK"(图1-2-35)。

图1-2-34　操作步骤(1)　　　　　图1-2-35　操作步骤(2)

(3)双击"Anybus-S PDP",鼠标左键添加8字节的输入输出(图1-2-36)。

（4）为 EL6752 设置主从站和波特率；在设备导航器窗口双击"EL6731"（图1-2-37）。

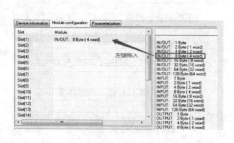

图1-2-36　操作步骤(3)　　　　　　　　　　图1-2-37　操作步骤(4)

（5）在"Gateway"选项中设置主站地址为1，波特率为1.5M（图1-2-38）。

（6）在"Slave"中设置从站地址为11（图1-2-39）。

注：每一台的焊接电源可能不同。

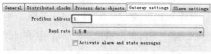

图1-2-38　操作步骤(5)　　　　　　　　　　图1-2-39　操作步骤(6)

（7）在"KR C 输入/输出端"中选择数字输入端，"现场总线"选择 EL6731（图1-2-40）。

（8）由于 EL6731 数据是字节，需要对机器人端口进行编组，组成对应的字节数据
（图1-2-41）：

①选择 201 – 208，单击右键"编组"。

②选择"BYTE"单击"OK"。

③$ IN[201]#G 为字节数据。

图1-2-40　操作步骤(7)　　　　　　　　　图1-2-41　操作步骤(8)

（9）按照 I/O 关联步骤，将机器人 201～264 总共 8 字节输入端口与设备端口关联（图 1-2-42）。

（10）在"KR C 输入/输出端"中选择数字输出端，"现场总线"选择 EL6731（图 1-2-43）。

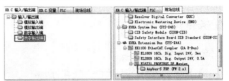

图 1-2-42　操作步骤（9）　　　　　　　图 1-2-43　操作步骤（10）

（11）按照 I/O 关联步骤，将机器人 201～264 总共 8 字节输出地址与设备端口关联（图 1-2-44）。

2）外围设备 I/O 配置

（1）单击编辑区"输入/输出接线"，在"KR C 输入/输出端"选择"数字输入端"，在"现场总线"选择"EL1809"模块（图 1-2-45）。

图 1-2-44　操作步骤（11）　　　　　　　图 1-2-45　操作步骤（1）

（2）按照 I/O 关联步骤，将机器人的 1～16 数字输入端口与 EL1809 的 16 个通道关联（图 1-2-46）。

（3）单击编辑区"输入/输出接线"，在"KR C 输入/输出端"选择"数字输出端"，"现场总线"选择"EL2809"模块（图 1-2-47）。

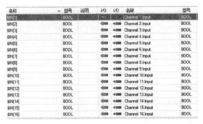
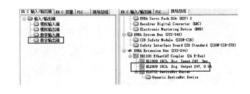

图 1-2-46　操作步骤（2）　　　　　　　图 1-2-47　操作步骤（3）

（4）按照 I/O 关联步骤，将机器人的 1～16 数字输出端口与 EL2809 的 16 个通道关联（图 1-2-48）。

图 1-2-48　操作步骤（4）

任务三　焊接设备参数配置

任务目标

1. 知识目标

(1)熟悉焊接设备属性参数的功能;

(2)掌握焊接设备属性参数的配置;

(3)掌握将机器人端口与焊机功能信号关联的方法。

2. 教学重点

(1)焊接设备属性参数配置;

(2)机器人与焊机功能信号的关联。

任务知识

焊接设备参数配置主要在 Work Visual 软件中进行,通常会进行设备属性参数、焊接模式定义、机器人与焊机 I/O 关联及焊接模式下的数据组的设置,设置选项卡如图 1-2-49 所示。

图 1-2-49　焊机参数配置界面

四个选项卡的主要配置内容见表 1-2-6。

焊机配置页面说明　　　　　　　　　　　　　　表 1-2-6

选　项　卡	配　置　内　容
全局变量	主要配置工艺流程参数、故障策略等焊接设备属性参数
模式	定义焊接模式及模式下控制参数
I/O 定义	将机器人 I/O 与焊机功能关联
数据组	以电源参数定义为基础,可定义与任务相关的数据

1. 全局变量

全局变量参数主要工艺流程参数、引燃参数及焊接故障策略,也就是定义和配置焊接过程中机器人和焊机系统的通用参数设置。

(1)工艺流程参数。

全局变量部分参数如表 1-2-7 所示。

工艺流程部分参数 表1-2-7

序号	参数类型	参数	类型	参数说明	默认值
1	一般设定参数	单位制	Char	编辑器中长度数据定义单位,包括公制和英制	公制
2		在T1下焊接	BOOL	1.TRUE:可在T1模式下焊接; 2.FALSE:不可在T1模式下焊接	TRUE
3		ARC SWITCH时轨迹逼近距离	Num	弧焊指令ARC SWITCH时轨迹逼近距离,单位为mm	5.0
4		工具作业方向	Char	1.X:作业方向沿X向测定; 2.Z:作业方向沿Z向测定; 正确设定作业方向对摆动和执行故障策略尤其重要	X
5		达到最大故障数量后继续过程	Char	1.无:机器人继续沿轨迹运行而不进行焊接; 2.取决于运行模式; 3.SmartPad上对话窗口:在对话窗口中确定继续焊接或不焊接; 4.PLC:外部信号控制	无
6	超时参数	电流接通时间监控	Num	在焊接开始(ARC ON)后,检测到反馈电流的时间不得大于此参数,单位为s	1.0
7		气流接通时间监控	Num	在焊接开始(ARC ON)时,检测到提前送气的时间不得大于此参数,单位为s	2.5
8		无丝监控	Num	在焊接结束(ARC OFF)时,最迟必须在该时间后焊丝回烧,单位为s	0.5
9		电流关断时间监控	Num	在焊接结束(ARC OFF)时,最迟必须在该时间后有电流关断信号,单位为s	2.0
10	停机监控参数	碰撞监控	BOOL	1.TRUE:碰撞监控已激活; 2.FALSE:碰撞监控未激活; 激活时,机器人收到碰撞信号时停止并显示信息	TRUE
11		停机监控	BOOL	1.TRUE:停机监控已激活; 2.FALSE:停机监控未激活	TRUE
12		焊接开始监控延时	Num	电弧引燃后尚不稳定,监控延时是设定延时监控时间,保证监控的准确性,单位为s	1.2

注:本站的碰撞信号来自焊枪上的内置防撞传感器,当碰撞发生后,传感器发出信号,机器人根据信号进行停机处理并显示信息。

(2)引燃和焊接故障策略。

如果在焊接过程中,引燃或焊接时出现故障,就会中断焊接工艺过程,使用时可以为焊接系统配置一个引燃策略,其部分参数见表1-2-8。

焊接故障原因主要有:

①焊嘴或焊接设备运行状态不确定。

②工件特性(如脏污、裂缝)导致故障。

③介质故障或外围设备故障(如无保护气体或焊丝)。

④机器人故障(紧急停止或防护装置损坏)。

故障策略部分参数 表1-2-8

序号	参数类型	参数	类型	参数说明	默认值
1	引燃故障策略	最大的引燃尝试次数	Num	最大引燃次数	2
2		故障反应重复次数	Num	达到最大引燃尝试次数且未出现电弧时,会重复故障反应; 1.0:不重复故障反应,沿焊接轨迹运行至终点而不进行焊接; 2.1,…,n:故障反应的重复次数,多次之后未出现电弧时,沿焊接轨迹运行至终点而不进行焊接	1
3		引燃尝试之间的等待时间	Num	两次引燃尝试之间间隔时间,单位为s	1.0
4		出现引燃故障时的信息提示类型	Char	出现引燃故障时信息类型: 1. 无:无故障提示; 2. Notify:提示信息; 3. 停止:确认信息	停止
5		故障反应方式	Char	引燃故障后机器人的反应: 1. KeepOnPosition:机器人停止,并尝试在该位置上重新引燃; 2. MoveUpAndStop:机器人离开工件(与工具碰撞方向相反)走过定义的故障运动距离,然后停止; 3. BackToSplineStart:机器人返回样条运动的起始端; 4. MoveForward:机器人在轨道上向前运行定义的故障运动距离	KeepOnPosition
6	焊接故障策略	最大焊接故障次数	Num	一条焊缝上出现得最多焊接故障次数	3
7		焊接故障时信息类型	Char	出现引燃故障时信息类型: 1. 无:无故障提示; 2. Notify:提示信息; 3. 停止:确认信息	Notify
8		故障反应方式	Char	焊接故障后机器人的反应: 1. KeepOnPosition:机器人停止,并尝试在该位置上重新引燃; 2. MoveUpAndStop:机器人离开工件(与工具碰撞方向相反)走过定义的故障运动距离,然后停止; 3. BackToSplineStart:机器人返回样条运动的起始端; 4. ContinueWithoutRetry:机器人不执行故障反应,而是不停止并且不进行焊接继续移动,机器人在焊缝末端停止; 5. MoveForward:机器人在轨道上向前运行定义的故障运动距离	KeepOnPosition

2. 模式

一台焊机最多可以创建4种焊接模式,焊接模式的名称可以自由选择和更改,每一种焊接模式具有独特的焊接参数工艺包,可以根据工件和焊接特性定义不同的焊接参数。新建模式后,修改模式名称需选中模式复选框,其中位模型为自动生成(位模型数值为 0 ~ 3),数值唯一不可重复,如图1-2-50 所示。

图1-2-50　焊接模式

每一种焊接模式下可定义的参数包括通用参数和定制参数。通用参数是系统已定义(如机器人速度、引燃后的等待时间等),定制参数是系统留给用户根据需要自由定义的,参数类型见表1-2-9。

模 式 参 数 类 型　　　　　　　　表1-2-9

参 数 图 示	参 数 说 明
参数　特殊功能　支点　分配 激活　　名称 ☐　信道 1 ☐　信道 2 ☐　信道 3 ☐　信道 4 ☐　信道 5 ☐　信道 6 ☐　信道 7 ☐　信道 8 ☐　焊接前的提前送气时间 ☐　引燃后的等待时间 ☐　提前送气时间 **机器人速度** ☐　终端焊口时间 ☐　滞后断气时间	定制参数:(信道 1 ~ 信道 8) 可定制系统没有的参数,如电压、送丝速度等参数。 通用参数: 系统已提供的标准参数,见左图: 1. 焊接前提前送气时间; 2. 引燃后的等待时间; 3. 机器人速度; 4. 终端焊口时间; 5. 滞后断气时间

1)通用参数配置

对于通用参数,系统已经定义,用户可根据焊接工艺需要选择。在参数前的复选框打"√",然后将参数值写入即可,如图1-2-51 所示。其中,最小值和最大值是在示教器上设置参数的上下限值,标准值是示教器上显示的参数默认值。

激活	名称	最小	标准值	最大	步幅	单位
☑	电压	0.0000	20.0000	50.0000	0.1000	–
☑	送丝速度	0.0000	5.0000	25.0000	0.1000	–
☐	Channel 3	0.0000	0.0000	255.0000	1.0000	–
☐	Channel 4	0.0000	0.0000	255.0000	1.0000	–
☐	Channel 5	0.0000	0.0000	255.0000	1.0000	–
☐	Channel 6	0.0000	0.0000	255.0000	1.0000	–
☐	Channel 7	0.0000	0.0000	255.0000	1.0000	–
☐	Channel 8	0.0000	0.0000	255.0000	1.0000	–
☐	焊接前的提前送气时间	0.0000	0.1000	2.0000	0.1000	s
☑	引燃后的等待时间	0.0000	0.1000	2.0000	0.1000	s
☑	提前送气时间	0.0000	0.1000	2.0000	0.1000	s

图1-2-51　通用参数设置

2)定制参数设置

对于定制参数来说,需要使用信道 1 ~ 8 进行设置,包括参数名称、最大值、最小值、标准值,并且要使用"支点"定义参数的换算比率(机器人与焊机之间参数不一致),最后通过"分配"选择性将参数分配到"引燃参数(ARC ON)、焊接参数(ARC SWITCH)及终端焊口参数(ARC OFF)"中去。

定义过程需要以下四步(以电压参数定制为例)。

(1)在"参数"选项,设置名称"电压",最小值0,标准值20,最大值50(图1-2-52)。

(2)根据焊机参数为0~50V对应实际电压参数0~512(16位),锁定机器人和焊机数值的转换比率(图1-2-53)。

注:肯比焊机电压对应0~512。

图1-2-52　操作步骤(1)

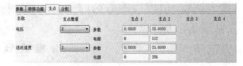

图1-2-53　操作步骤(2)

(3)可将电压参数分配到"引燃参数、焊接参数、终端焊口参数"数据组,在复选框中打√,则将参数分配到对应焊接参数组中(图1-2-54)。

(4)最后需要在I/O定义选项卡中为参数分配一个尚未被占用的输出端范围(图1-2-55)。

图1-2-54　操作步骤(3)

图1-2-55　操作步骤(4)

3.机器人与焊机I/O关联设置

前面定义了焊机PROFIBUS通信数据表(8字节输入、8字节输出),但数据表中不是所有参数能要使用,可根据焊接系统的控制功能及工艺参数进行选择。WorkVisual通过焊机的"I/O定义",将焊机参数与机器人I/O进行关联,关联以后所有参数都不需要进行单独编程,在示教器中以联机表单参数表呈现,机器人会自动处理和转换。

(1)通用信号。

通用信号是系统已定义的功能信号(如焊丝向前等),选中需要设置的参数复选款,输入到相应信号名称"值"里面。

①输入信号。

本弧焊工作站按照机器人分配地址值,将"起弧成功"的I/O地址"204"写入图1-2-56中"有电流"(引弧成功)的"值"中,这样机器人就会将"242"端口作为检测焊机是否起弧成功的监测输入信号,实现输入信号关联。同理,设置"电源就绪""焊接激活""通讯就绪""碰撞保险装置"。

②输出信号。

本弧焊工作站按照表1-2-10机器人分配地址值,将"249""251""252""253""258"设置到相应的信号端口"值"中,实现输出信号关联,如图1-2-57所示。

图 1-2-56 通用输入信号配置   图 1-2-57 通用输出信号配置

（2）定制参数。

定制参数（如电压、送丝速度参数），焊接系统没有预留参数供用户进行端口值的输入，需要在"信号"选项卡中进行设定，为定制参数分配关联的 I/O 端口，如电压为 217～232，分配了16 位 2 字节的数据地址；送丝速度为 201～216，分配了 16 位 2 字节的数据地址（图 1-2-58）。

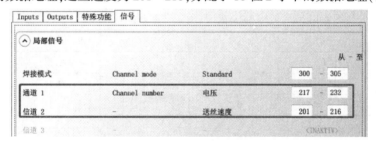

图 1-2-58 定制参数的设置

4. 数据组

数据组设置是为每一个"焊接模式"建立参数组，使之可以在焊接编程使用弧焊指令时，调用该焊接模式的参数组，并将设置参数的初始值配置在联机表单中。如图 1-2-59 所示，A处选择焊接模式、B 处选择参数组查看建立的数据组。

Name	Minimum	值	Maximum	单位
Given current	0	100	500	A
Arc length	-5.0000	0.0000	5.0000	
机器人速度	5.0000	50.0000	200.0000	cm/min
摆动模型		All		
摆动长度	0.2000	4.0000	25.0000	mm
摆幅	0.2000	2.0000	25.0000	mm
摆动角度	-179.9000	0.0000	179.9000	

图 1-2-59 数据组查看

注：如果用户未创建数据组，则代码生成时自动为每一个工艺流程创建一个默认数据组，数据组含有与各工艺流程对应的全局参数。

任务实施——肯比焊机配置

1. 任务要求

（1）全局变量设置。

根据表1-2-10各参数状态值的要求，对全局变量进行设置。

全局变量参数状态值　　　　　　　　　　　　表1-2-10

参　数　名　称	设　定　值	参　数　名　称	设　定　值
工具作业方向	X	最大引燃尝试次数	5
电流接通时间监控	1.5	出现故障时信息提示类型	Notify
电流关断时间监控	2	故障反应方式	KeepOnPosition
碰撞监控	TRUE		

（2）模式。

根据表1-2-11中的模式参数新建"Standard"模式（恒压模式），模式位数为"2"，新增定制参数"电压""送丝速度"，通用参数选取"引燃后的等待时间"进行设置。

模式参数　　　　　　　　　　　　表1-2-11

模　式　名　称	Standard				
名称	最小	标准值	最大值	步幅	单位
电压	0	20	50	0.1	V
送丝速度	0	5	25	0.1	m/min
引燃后等待时间	0	0.2	2	0.1	s
机器人速度	0.05	0.5	2	0.5	cm/min

（3）I/O定义。

根据表1-2-12中的I/O参数配置，将机器人与焊机I/O关联，明确I/O端口功能。

I/O参数配置　　　　　　　　　　　　表1-2-12

信　号　类　型	信　号　名　称	机器人分配地址	焊机数据位
DI	焊接过程已激活	241	字节5位0
	起弧成功(有电流)	242	字节5位1
	电源就绪	244	字节5位3
	通信准备就绪	246	字节5位5
	碰撞保险装置	11	EL1809的11脚
DO	启动焊接(Weld Start)	249	字节6位0
	气体流动	253	字节6位3
	焊丝前进	251	字节6位1
	焊丝后退	252	字节6位2
	实时信号输出端	256	字节6位7
	电压	217～232	字节0、字节1(16位)
	送丝速度	201～216	字节2、字节3(16位)

注：字节数为焊机通信字节，输入为8字节、输出为8字节。

（4）数据组。

在数据组中添加"Standard"焊接模式的数据组,查看数据与设定值是否一样。

2. 任务操作

（1）在"全局设置"选项卡下设置参数（图1-2-60）。

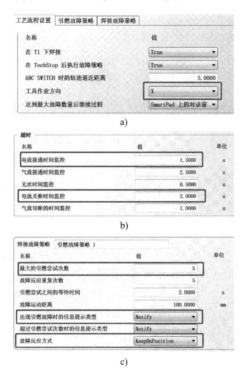

图1-2-60　操作步骤（1）

（2）在"模式"下,新增焊接模式"Standard",设置电压、送丝速度及引燃后等待时间等参数（图1-2-61）。

（3）电压和送丝速度为16位数据,分别对应50V和25m/min,数字量最大值分别对应512和256（图1-2-62）。

注:按照焊机厂家对应参数来设置。

图1-2-61　操作步骤（2）

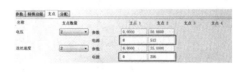

图1-2-62　操作步骤（3）

（4）将新建的定制参数分配给三组焊接参数（图1-2-63）。

（5）"I/O定义"选项卡中,输入端定义参数（图1-2-64）。

（6）"I/O定义"选项卡中,输出端定义参数（图1-2-65）。

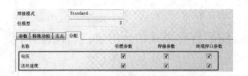

图 1-2-63　操作步骤(4)

图 1-2-64　操作步骤(5)

图 1-2-65　操作步骤(6)

(7)"I/O 定义"选项卡中,"信号"选项卡定义电压、送丝速度地址(图 1-2-66)。

(8)"数据组"中查看新建的"Standard"焊接模式数据组(图 1-2-67)。

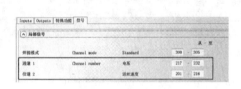

图 1-2-66　操作步骤(7)　　　　　　　　　　图 1-2-67　操作步骤(8)

课 后 习 题

一、填空题

(1)焊接系统 I/O 信号主要分为_____、_____、_____和_____四类。

(2)本站焊接系统使用 PROFIBUS 模块与焊机相连,其型号为_____,其信号传输速率最高可达_____ Mb/s。

(3)KRC 4 控制柜与外部设备进行数字输入/输出信号交互时,可由_____、_____和_____三种模块进行连接。

(4)KRC 4 控制系统有输入端口_____个,输出端口_____个;本站焊接系统采用 PROFIBUS 模块,传输 8 个字节输入数据,从机器人 2001 端口开始配置,配置后的地址区段是_____。

(5)在 WorkVisual 中的焊机配置页面,主要有_____、_____、_____和_____四种选项。

(6) EL1809 为 16 位数字量输入模块,当模块在机器人内部起始地址为 1001,则连续为该模块配置的地址为_____。

(7) KUKA 机器人使用 PROFIBUS 模块(EL6731)与焊机相连,通信起始地址为 2001,当需要配置焊机电压(16 位),焊接电压在通信数据表中起始地址(1 字节)是第 3、4 字节,则连续为焊接电压配置的地址为_____。

二、判断题

(1) 每一个机器人工位实现数字输入/输出必须有一个总线耦合器。 (　　)

(2) EL1809 是 16 位数字输出模块,EL2908 是 16 位数字输入模块。 (　　)

(3) 在 KUKA 机器人中,通信模块有固定的配置地址,不允许随意改变。 (　　)

三、简答题

(1) 焊接故障形成的原因有哪些?

(2) 数字量模块 EL2809 的设备、地址配置流程是什么?

四、拓展训练

配置基于 DEVICENET 通信的奥太焊机的配置如下:

(1) 在程序中添加焊机电源(奥太焊机)。

(2) 添加 DEVICENET 通信模块 EL6752,配置输入输出总线(16 位输入/输出)。

(3) 按照通信传送的数据大小配置输入/输出端口(输入 13 个字节数据、输出 12 个字节数据),端口地址以 1001 开始的单元。

(4) 新增焊接模式"Weld",在该模式的焊接模式中增加"Current"(电流)和"ARC Length"(弧长校正)信号,并为信号增加支点,在 I/O 中为用户定义信号分配端口。

(5) 在焊接模式"Weld"中,配置以下(三个)信号:引燃后的等待时间(0.5s)、提前送气时间(0.5s)、终端焊口时间(0.2s)。

(6) 在 WV 输入信号配置:电源就绪、有电流、主电流。在 WV 输出信号配置:Weld Start、气体流动、焊丝前进、焊丝后退、实时信号输出端。

(7) 在数据组中,新建"Weld"的数据组,添加引燃、焊接、终端焊口参数组。

项 目 小 结

本项目共包括三个学习任务。第一个任务主要练习在 WorkVisual 中进行设备集成,学习设备添加的方法和步骤,使学生能够在 WorkVisual 中自主完成设备的离线配置,建立硬件集成的思路,为软件配置奠定基础。第二个任务主要讲解机器人 I/O 信号的配置及关联,学生主要学习工业机器人弧焊站的常用 I/O 信号、机器人与外部设备 I/O 之间的信号关联,为机器人系统与外部设备(清枪机等)进行信号交互建立电气连接。第三个任务主要讲解焊接设备的软件配置,学生主要学习焊机的变量参数,练习焊机参数配置的方法,并为机器人与焊机的信号交互配置地址,实现工业机器人弧焊站的软件配置,为后续实施焊接工艺奠定基础,本任务学习内容难度较大,需通过反复练习才能掌握。

项目三　清枪系统

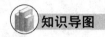知识导图

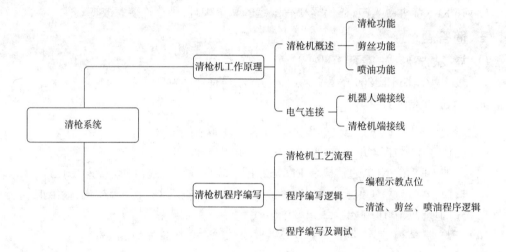

项目导入

在焊接过程中,焊丝燃烧产生焊渣,部分焊渣会粘在导电嘴上,影响保护气体的流通,且焊丝燃烧后,焊丝尖端的形状和长度、药皮的氧化都会对焊接质量产生影响。因此,每焊一段时间或距离后,清枪的过程非常必要。

本项目主要内容是清枪系统的程序编制,清枪系统主要完成清渣、剪丝和喷油润滑功能。其中,清渣主要是清理焊枪头内部焊渣;剪丝主要是清理焊丝尖端形状,保证焊丝的干伸长度;喷油主要是保持焊枪内壁的润滑作用,减小飞溅和焊渣的附着力,便于清渣处理。

学习目标

1. 知识目标

(1)熟悉清枪机的主要工作原理;

(2)掌握清枪机主要功能的 I/O 分配及接线方法;

(3)掌握清枪、剪丝、喷油功能编程方法。

2. 情感目标

(1)锻炼动手能力,培养沟通和合作的品质;

(2)关注细节,培养精益求精的工匠精神。

任务一 清枪机工作原理

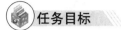 **任务目标**

1.知识目标

(1)熟悉清枪机工作原理;

(2)清枪机与机器人电气接线。

2.教学重点

清枪机的工作原理及电气接线。

 任务知识

一、清枪机概述

工业机器人焊枪在焊接后,内壁会积累大量的焊渣、氧化物等杂质,影响焊接质量;为了防止焊渣在焊枪内壁的积累,焊嘴需要喷油雾,减小焊渣在内壁的附着力,便于清渣,因此为改善焊接质量,在弧焊生产过程中通常需要进行焊枪的自动清渣、剪丝和喷油,并通过编程得以自动实现。

清枪主要有清渣、剪丝、喷油三个过程。剪丝主要用于保证焊丝的干伸出长度,提高焊接的精度;喷油是为了便于清理焊嘴表面的飞溅物;清渣是清理喷嘴内表面的飞溅物,保证保护气体的通畅。清枪效果如图1-3-1所示。

a)清枪前   b)清枪后

图1-3-1 清枪前后的效果

二、机器人与清枪机的电气连接

清枪机系统中共三个输入信号(清枪启动、剪丝、送丝)和一个输出信号(气缸打开)与机器人进行电气连接,用以实现机器人控制系统对清枪过程的自动控制。其中,清枪机系统段接线图如图1-3-2所示。

焊接系统I/O配置中已经通过WorkVisual对机器人的I/O信号进行了配置,分配了机器人的地址。根据机器人分配的地址,将机器人地址与EL1809、EL2809及清枪机的相应功能对接、连接,接线线号如表1-3-1所示。

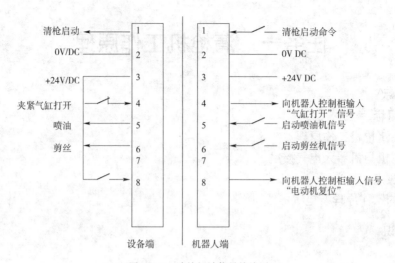

图 1-3-2　清枪机端信号接线图

机器人与清枪机的接线端子　　　　　　　　　　　　　　　　　　表 1-3-1

信号类型	清枪机端		机器人端		
	信号名称	清枪机端子号	I/O 模块		机器人地址
DI	清枪机准备 （电动机复位）	4	EL1809	1	1
DO	清枪	1	EL2809	1	1
	剪丝	6		2	2
	喷油	5		3	3

清枪机端接线如图 1-3-3 所示。

机器人端接线如图 1-3-4 所示。

图 1-3-3　清枪机端接线　　　　　　　　　　图 1-3-4　机器人端接线

 任务实施——手动调试清枪机

1. 任务目标

（1）按照表 1-3-1 的要求，将电缆分别连接机器人和清枪机。

（2）连接完成后手动调试清枪机,清枪、剪丝、喷油功能。

2. 任务操作

（1）按照表 1-3-1 所示的连接方法,打开清枪机接线盒,连接清枪机端电缆线,其中端子 2、3 是 24V DC 电源正负极（图 1-3-5）。

（2）按照表 1-3-1 所示的连接方法,打开 KUKA 机器人 KR C4 控制柜,连接机器人端电缆线（图 1-3-6）。

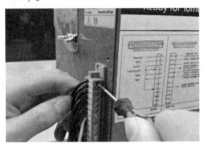

图 1-3-5　操作步骤（1）

图 1-3-6　操作步骤（2）

（3）接线完成后,用万用表检查接线的正确性,检查无误后方可上电测试。

（4）示教器主菜单选择"显示 > 输入/输出端 > 数字输入/输出端"（图 1-3-7）。

（5）调试清渣功能:

选中端口 1,单击"值",对端口 1 置位,示教器端口 1 绿色灯亮（图 1-3-8）。

图 1-3-7　操作步骤（4）

图 1-3-8　操作步骤（5）

（6）调试清渣功能:

当端口 1 为"TRUE"时,观察铰刀是否上升;若无动作,检查配置和线路（图 1-3-9）。

（7）调试清渣后,选择端口 1,并单击"值",将端口 1 复位,铰刀下降到准备位置。

（8）调试剪丝功能:

选中端口 2,单击"值",对端口 2 置位,示教器端口 2 绿色灯亮（图 1-3-10）。

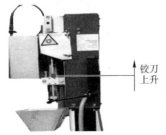

图 1-3-9　操作步骤（6）

图 1-3-10　操作步骤（7）

（9）调试剪丝功能：

当端口 2 为"TRUE"时，观察刀具是否闭合；若无动作，检查 I/O 配置和线路（图1-3-11）。

（10）调试剪丝功能后，再次选择端口2，并单击"值"，将端口2复位，刀具张开。

（11）调试喷油功能：

选中端口3，单击"值"，对端口3置位，示教器端口3绿色灯亮（图1-3-12）。

图1-3-11 操作步骤(8)

图1-3-12 操作步骤(9)

（12）调试喷油功能：

当端口 3 为"TRUE"时，电磁阀打开，观察电磁阀是否动作，有无油雾喷出；若无动作，检查 I/O 配置和线路（图1-3-13）。

（13）调试喷油功能后，选择端口3，并单击"值"，将端口3复位，喷油电磁阀关闭。

（14）调试清枪准备信号（图1-3-14）：

①数字输入端口1信号，平时为 TRUE。

②按步骤3，置位清渣信号，铰刀上升，输入端口1信号位 FALSE。

图1-3-13 操作步骤(12)

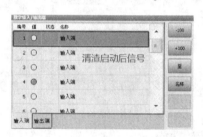

图1-3-14 操作步骤(14)

任务二 清枪机程序编写

任务目标

1. 知识目标

（1）了解清枪机动作流程，规划运动示教点位；

（2）编写清枪机程序，实现自动清渣、剪丝和喷油功能。

2. 教学重点

分析程序逻辑，编写清枪机程序。

任务知识

清枪机在执行清枪任务时,先后完成清渣、剪丝及喷油润滑工艺。其工艺流程如图1-3-15所示。

图1-3-15 清枪机工艺流程

按照清枪机的编程工艺流程图,确定清枪机的机器人示教点位,如图1-3-16所示。

图1-3-16 清枪机示教点位

(1)清渣程序编程逻辑。

机器人从HOME点运动到清渣位上方避让点(P1),执行SLIN指令向下到清渣临近点(P2),然后执行横向SLIN指令到清渣工作点(P3),到位后机器人发出"清枪启动"(PULSE 2S)(端口地址1),再等待3s后,焊枪移动退出清渣工位,为剪丝准备。清枪示教编程逻辑如图1-3-17a)所示。

注:焊枪的清枪位应以清枪工具深入焊枪10mm为宜。

(2)剪丝程序编程逻辑。

将焊枪移动到剪丝避让点(P4),执行SLIN指令到剪丝工位点(P5),注意焊枪口到焊丝尖端距离为13mm,机器人发出送丝指令(PULSE 0.5S)(端口地址251),然后输出剪丝指令(PULSE 0.5S)(端口地址2),完成剪丝后退出剪丝工位。剪丝示教编程逻辑如图1-3-17b)所示。

(3)喷油程序编程逻辑。

将焊枪移动到喷油工位避让点(P6),执行SLIN指令到喷油工作点(P7),机器人发出喷油指令(PLUSE 0.5S)(端口地址3),等待1s后,退出喷油工位,并回到HOME,如图1-3-17c)所示。

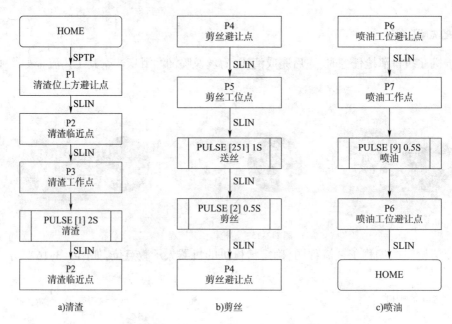

a)清渣 b)剪丝 c)喷油

图1-3-17 清枪机示教编程逻辑

注:在执行动作指令(清渣、剪丝、喷油)后,需等待动作执行完毕后恢复到初始位置的时间,可使用Wait指令进行延迟,延迟时间到了以后方可执行下一条指令,以保证上一动作的完整执行和前后动作不干涉。

 任务实施——编写清枪机程序

1. 任务要求

新建名为"ClearGun"的清枪机程序,按照图1-3-15和图1-3-17进行点位示教和程序编程,编写完成后进行调试,实现清枪机的自动清渣、剪丝和喷油功能。

2. 任务操作

(1)在示教器中,新建Modul模块,模块名为"ClearGun"(图1-3-18)。

(2)单击运动指令,添加"SPTP"指令,轴速度设为50%,轨迹逼近距离为100mm,工具坐标选择"weld-1":

SPTP P1 CONT VEL =50% PDAT1 TOOL[1]:weld_1 BASE[0]。

(3)将机器人TCP移至清渣位上方避让点,设置目标点名为"P1",单击"指令OK",保存目标点P1坐标(图1-3-19)。

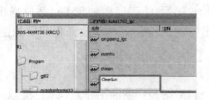 

图1-3-18 操作步骤(1) 图1-3-19 操作步骤(3)

（4）添加"SLIN"指令，轨迹运行速度为0.2m/s，工具坐标选择"weld-1"：

SLIN P2 VEL=0.2m/s CPDAT2 ADAT0 TOOL[1] BASE[0]。

（5）将机器人TCP移至清渣临近点，设置目标点名为"P2"，点击"指令OK"，保存目标点P2坐标（图1-3-20）。

（6）参照步骤（4）、（5）添加"SLIN"指令，速度设置为0.1m/s，工具坐标选择"weld-1"，设置目标点位P3，单击"指令OK"保存目标点：

SLIN P3 VEL=0.1m/s CPDAT2 ADAT0 TOOL[1] BASE[0]。

（7）要保证焊枪处于垂直姿态，铰刀进入焊枪为10mm（图1-3-21）。

图1-3-20 操作步骤（5）　　　　　　图1-3-21 操作步骤（7）

（8）添加切换函数PULSE，端口1输出1s的高电平，上升铰刀，执行清渣：

PULSE 1 'clean gun' State=TRUE　Time=1sec。

（9）添加等待指令，执行3s延时，保证清渣的完成：

WAIT Time=3sec。

（10）添加指令实现先后退至P2、P1点：

SLIN P2 VEL=0.2m/s CPDAT2 ADAT0 TOOL[1] BASE[0]；

SLIN P1 VEL=0.2m/s CPDAT2 ADAT0 TOOL[1] BASE[0]。

（11）添加"SLIN"指令，将TCP移至剪丝避让点P4，P4在剪丝工位正上方：

SLIN P4 VEL=0.2m/s CPDAT2 ADAT0 TOOL[1] BASE[0]。

（12）添加"SLIN"指令将TCP移至剪丝工位P5点：

SLIN P5 VEL=0.2m/s CPDAT2 ADAT0 TOOL[1] BASE[0]。

（13）要保证焊枪处于垂直姿态，焊嘴口与刀具距离为12mm（图1-3-22）。

（14）添加切换函数PULSE，使端口251输出1s脉冲，实现1s送丝长度：

PULSE 251 ' ' State=TRUE　Time=1sec。

（15）添加等待指令，执行1s延时，保证送丝的完成：

WAIT Time=1 sec。

（16）添加切换函数PULSE，使端口2输出0.5s脉冲，实现剪丝：

图1-3-22 操作步骤（13）

PULSE 2 ' ' State=TRUE　Time=0.5sec。

（17）添加"SLIN"指令，将焊枪退回到剪丝避让点P4：

SLIN P4 VEL =0.2m/s CPDAT2 ADAT0 TOOL[1] BASE[0]。

(18)添加"SLIN"指令,将 TCP 移至喷油工位避让点 P6:

SLIN P6 VEL =0.2m/s CPDAT2 ADAT0 TOOL[1] BASE[0]。

(19)添加"SLIN"指令,将 TCP 移至喷油工作点 P7:

SLIN P7 VEL =0.2m/s CPDAT2 ADAT0 TOOL[1] BASE[0]。

图 1-3-23　操作步骤(19)

(20)要保证焊枪处于垂直姿态,焊嘴口深入油腔内距离为 15mm(图 1-3-23)。

(21)添加切换函数 PULSE,使端口 3 输出 0.5s 脉冲,实现剪丝:

PULSE 2 ' ' State = TRUE　Time =0.5sec。

(22)添加等待指令,执行 1s 延时,保证喷油的完成:

WAIT Time =1 sec。

(23)将 TCP 先后退至 P6、HOME 点,完成清枪过程:

SLIN P6 VEL =0.2m/s CPDAT2 ADAT0 TOOL[1] BASE[0];

SPTP HOME VEL =50% DEFAULT TOOL[1] BASE[0]。

(24)清枪程序清单具体如下。

①清渣程序清单。

```
1   DEF ClearGun(   )
2   INI
3
4   SPTP HOME Vel =50 % DEFAULT Tool[1]:weld -1 Base[0]
5   SPTP P1 CONT Vel =50 % PDAT1 Tool[1]:weld -1 Base[0]
6   SLIN P2 Vel =0.2 m/S CPDAT1 ADAT0 Tool[1]:weld -1 Base[0]
7   SLIN P3 Vel =0.1 m/S CPDAT2 ADAT0 Tool[1]:weld -1 Base[0]
8   PULSE 1 'clean gun' State =TRUE Time =2 sec
9   WAIT Time =3 sec
10   SLIN P2 Vel =0.2 m/S CPDAT3 ADAT0 Tool[1]:weld -1 Base[0]
11   SLIN P1 CONT Vel =0.2 m/S CPDAT4 ADAT0 Tool[1]:weld -1 Base[0]
```

②剪丝程序清单。

```
12   SLIN P4 CONT Vel =0.2 m/S CPDAT9 ADAT0 Tool[1]:weld -1 Base[0]
13   SLIN PS Vel =0.2 m/S CPDAT5 ADAT0 Tool[1]:weld -1 Base[0]
14   PULSE 110 · · State -TRUE Tine -1 sec
15   WAIT Time =1 sec
16   PULSE 2 'cut weld ∗ State =TRUE Time =0.5 sec
17   SLIN P4 CONT Vel =0.2 m/S CPDAT6 ADAT0 Tool[1]:weld -1 Base[0]
```

③喷油程序清单。

```
18   SLIN P6 CONT Vel =0.2 m/S CPDAT10 ADAT0 Tool[1]:weld -1 Base[0]
19   SLIN P7 Vel =0.2 m/S CPDAT7 ADAT0 Tool[1]:weld -1 Base[0]
```

20 PULSE 3 ·· State – TRUE Time =0.5 sec
21 WAIT Time =2 sec
22 SLIN P6 Vel =0.2 m/S CPDAT8 ADAT0 Tool[1]:weld –1 Base[0]
23 SPTP HOME Vel =50 % DEFAULT Tool[1]:weld –1 Base[0]
24
25 END

课 后 习 题

一、填空题

(1)清枪机系统主要功能有_____、_____和_____三种。

(2)当机器人焊枪经过长期焊接后,焊枪内壁的焊渣用清枪机_____功能清理;焊丝过长、焊丝端头呈球形状用清枪机_____功能清理;为减小焊渣在焊枪内壁的附着力,采用清枪机_____功能。

(3)机器人在清枪时,清渣铰刀应深入焊枪口距离_____ mm 为宜。

(4)机器人执行剪丝时,机器人发出指令将焊丝_____,然后使用工具执行_____。

二、判断题

(1)剪丝使用了 PULSE 指令实现剪丝,也可使用静态指令 OUT 编程实现。 ( )

(2)清渣时使用 PULSE 指令清渣后,可立即使用运动指令离开清渣位,无需等待清渣完成。 ( )

三、简答题

(1)机器人和清枪机的电气接线完成后,手动调试清渣功能的步骤为哪些?

(2)清渣程序编写流程是什么?

项 目 小 结

本项目主要包括两个学习任务。第一个学习任务主要讲解清枪机的功能、电气接线及手动调试,学生主要了解清枪机的功能,练习电气接线,完成手动调试清渣、剪丝及喷油功能。第二个学习任务主要讲解清枪机操作流程、规划示教点位及运动编程,学生主要了解清枪机工作流程,编写清枪、剪丝及喷油的程序逻辑图,根据程序逻辑图示教点位,编写清枪机程序并完成调试。

项目四 焊接编程

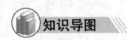知识导图

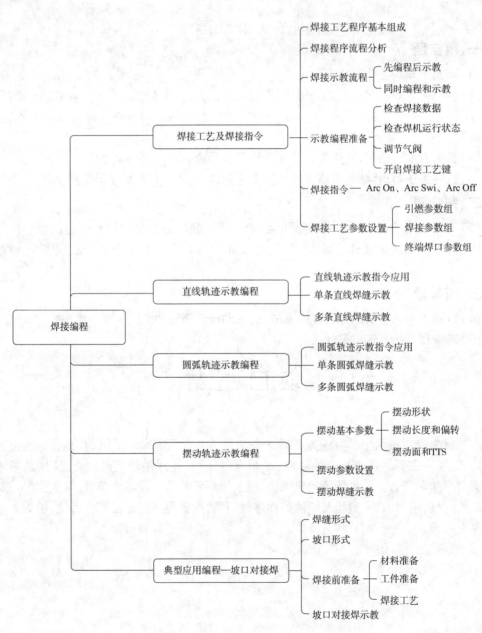

项目导入

　　弧焊机器人进行焊接时,需要准确示教焊缝的运动轨迹,其中焊缝轨迹均可由直线、圆弧及机械摆动运动单独或组合形成。KUKA 机器人 ArcTechBasic 弧焊包提供了手动示教的弧焊指令(Arc On、Arc Swi 及 Arc Off),指令中包含了通过三种基本的运动形式,可实现焊缝的轨迹示教。

　　在焊接作业过程中,由于焊件的材料、厚度、结构等工艺参数的不同,其焊接工艺参数也是不同的。本项目将对坡口对接焊、T 型平角焊及变位机同步管板垂直焊等典型工艺进行讲解和分析,通过学习和练习,掌握典型焊接的基本工艺流程和方法。

学习目标

1. 知识目标

(1) 掌握焊接轨迹的示教编程;

(2) 熟悉焊接工艺参数设置;

(3) 熟悉典型焊接的焊接工艺编程。

2. 情感目标

(1) 锻炼动手能力,激发兴趣,培养焊接工艺的钻研精神;

(2) 分工合作,培养团队精神,养成规范操作的工作习惯。

任务一　焊接工艺及焊接指令

任务目标

1. 知识目标

(1) 熟悉正确的焊接示教编程的操作流程;

(2) 掌握焊接状态键的操作;

(3) 熟悉焊接作业前的检查准备工作;

(4) 掌握弧焊的基本焊接指令;

(5) 熟悉引燃、焊接、终端焊口参数组的各项参数功能,掌握参数的设置。

2. 教学重点

(1) 焊接示教编程的操作流程;

(2) 焊接作业前的检查准备工作;

(3) 基本焊接指令及参数设置。

任务知识

一、焊接工艺编程的程序结构

1. 焊接工艺程序的基本组成

ArcTechBasic 弧焊包提供了三个基本的弧焊指令(Arc On、Arc Swi、Arc Off),其中 Arc

On指令是引燃指令,不执行焊接运动,而 Arc Swi、Arc Off 均可执行焊接运动(LIN 和 CIRC)。使用弧焊机器人焊接工件时,工件上的焊缝可以是一条或多条组成,焊缝组成的基本要求如下:

(1)一条焊缝必须至少由以下部分组成:

①引燃位置。

②终端焊口位置。

(2)一段式焊缝需要以下焊接指令:

①Arc On(引燃指令)。

②Arc Off(结束指令 + 一条轨迹)。

(3)分为几段的焊缝则需要以下焊接指令:

①Arc On(引燃指令)。

②Arc Swi(轨迹插补指令)。

③Arc Off(结束指令 + 一条轨迹)。

注:焊缝上的运动指令为 Arc Swi 和 Arc Off,每一个运动轨迹必须有一个焊接指令。

2.焊接程序流程分析

图1-4-1所示为工作平台上工件两条焊缝运动轨迹示教编程,其中第1条为直线、第2条由2条直线和1条圆弧段组成,焊接示教流程见表1-4-1。

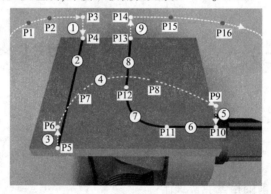

图1-4-1 焊接程序流程

焊接示教分析   表1-4-1

序号	轨迹说明	使用指令
1	机器人TCP从HOME经过P1、P2到达预备焊接点P3	PTP指令
2	TCP移向焊缝1的引燃位置P4(轨迹①)	Arc On(LIN)
3	TCP在焊缝1上执行直线段焊接②	ARC OFF(LIN)
4	从焊缝1移开,向焊缝2运动,到达焊缝2预备位置P9	LIN 和 PTP
5	TCP移向焊缝2的引燃位置P10(轨迹⑤)	Arc On(LIN)
6	TCP移向焊缝2的第一段直线(轨迹⑥)	Arc Swi(LIN)
7	TCP移向焊缝2的第二段圆弧(轨迹⑦)	Arc Swi(CIRC)
8	TCP移向焊缝2的第三段直线(轨迹⑧)	Arc Off(LIN)
9	TCP从焊缝2移开运动	LIN

二、焊接示教流程

焊接机器人轨迹示教与通用机器人相似,仅仅是 TCP 换成了焊枪而已。示教的方法主要有以下两种。

第一,根据工件和焊缝位置,提前编写需要示教的指令,然后针对需要示教的点位逐一示教。提前编写指令可在 WorkVisual 和 OrangeEdit 上离线编写后导入 KRC 控制系统,也可在示教器上编写。

第二,在编写运动指令的同时进行点位示教。

本任务介绍的机器人示教点位均较为简单,可采取现场编程与示教同时进行。焊接示教的工艺流程主要包括准备、示教和再现三个阶段,流程如图 1-4-2 所示。

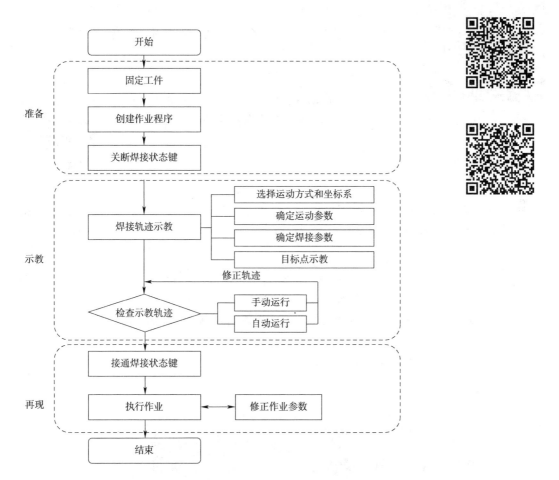

图 1-4-2 示教操作流程

注:关断焊接状态键后,机器人在焊接指令上的移动不再是焊接速度,而是系统中预设运动速度。焊接状态键关闭后,不影响送丝、抽丝状态键的使用。

三、焊接作业前的准备工作

1. 检查焊接数据

按照焊接工艺要求,再次检查引燃参数组、焊接参数组、摆动参数组及终端焊口参数组是否正确。

2. 检查焊机运行状态

焊机有两种工作模式(图 1-4-3),包括 MANUAL(手动)和 AUTO(自动)模式,机器人控制焊机的工作方式下,需将工作模式调整到 AUTO 模式。焊机工作模式的调整,通过焊机上的钥匙开关旋转选择。

3. 调节气阀

本弧焊工作站焊接工艺采用 CO_2 气体保护焊,在焊接前需按照焊接工艺要求,打开气瓶的截止阀,调整气体压力满足焊接条件。

4. 开启焊接工艺键

检查焊接条件,确认无误后按下"确认"键和"焊接工艺"键,做好焊接作业前的准备。

图 1-4-3 焊机工作模式

四、焊接指令

KUKA 机器人 ArcTechBasic 弧焊包提供了三条基本的焊接指令,分别是 Arc On(引燃指令)、Arc Swi(轨迹插补指令)、Arc Off(终端焊口指令)。

1. Arc On

指令 Arc On 包含至引燃位置(目标点)的运动以及引燃、焊接、摆动参数。引燃位置无法轨迹逼近。电弧引燃并且焊接参数启用后,指令 Arc On 结束。

注:Arc On 除了能够设置引燃参数外,还可以设置焊接参数,在设置的下一个运动前有效。

在图 1-4-4 中,Arc On 参数含义见表 1-4-2。

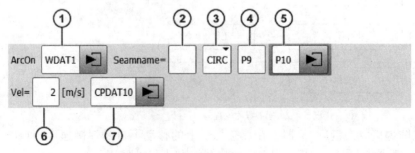

图 1-4-4 ARC ON 指令

Arc On 参数含义表　　　　　　　　　　　　　表 1-4-2

参 数 序 号	参 数 含 义
①	可设置引燃参数和焊接参数
②	输入焊缝名称(可以不输入)
③	运动方式:PTP、LIN、CIRC
④	仅限于 CIRC:辅助点 注:与普通机器人一致
⑤	目标点名称,也就是引燃位置
⑥	驶向引燃位置的速度 注:非机器人焊接速度
⑦	运动参数组 注:与普通机器人一致

2. Arc Swi

Arc Swi 用于将一个焊缝分为多个焊缝段。一条 Arc Swi 指令中包含其中一个焊缝段中的运动、焊接以及摆动参数,始终轨迹逼近目标点。对最后一个焊缝段必须使用指令 Arc Off。

注:Arc Swi 设置焊接参数,在设置的下一个运动前有效。

在图 1-4-5 中,Arc Swi 参数含义见表 1-4-3。

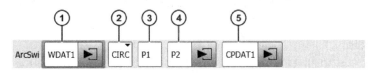

图 1-4-5　Arc Swi 指令

Arc Swi 参数含义表　　　　　　　　　　　　表 1-4-3

参 数 序 号	参 数 含 义
①	可设置引燃参数和焊接参数
②	运动方式:LIN、CIRC 注:焊接过程中只有 LIN 和 CIRC 运动,不能选取 PTP 运动
③	仅限于 CIRC:辅助点 注:与普通机器人一致
④	目标点名称
⑤	运动参数组 注:与普通机器人一致

3. Arc Off

Arc Off 在终端焊口位置(目标点)上结束焊接过程。在终端焊口位置填满终端弧坑,终端焊口位置无法轨迹逼近。

在图 1-4-6 中,Arc Off 参数含义见表 1-4-4。

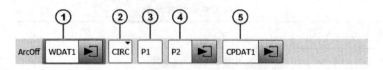

图1-4-6　Arc Swi 指令

Arc Off 参数含义表　　　　表1-4-4

参 数 序 号	参 数 含 义
①	可设置引燃参数和焊接参数
②	运动方式：LIN、CIRC 注：焊接过程中只有 LIN 和 CIRC 运动，不能选取 PTP 运动
③	仅限于 CIRC：辅助点 注：与普通机器人一致
④	目标点名称
⑤	运动参数组 注：与普通机器人一致

五、焊接工艺参数

焊接作业过程分为四个阶段，包括引弧、加热、焊接及收弧。KUKA 机器人 ArcTechBasic 弧焊包将四个阶段的焊接工艺参数整合在了引弧、焊接及终端焊口参数组中，以联机表单的方式集中管理和设置。

1. 引燃参数组

引燃参数组是用于引燃阶段的参数，参数设置窗口如图1-4-7所示。

图1-4-7　引燃参数设置

引燃参数含义见表1-4-5。

引 燃 参 数 含 义　　　　表1-4-5

参 数 名 称	参 数 含 义
运行方式	运行方式，即焊接模式（选择焊接模式权限为专家用户组） 焊接模式 1 ~ 焊接模式 4（默认名称） 可用的电源焊接模式可在 WorkVisual 中或在焊接数据组编辑器中配置（最多4 种）。焊接模式的名称只可在 WorkVisual 中更改
参数组	与任务相关的所选焊接模式数据组（选择数据组的前提条件：专家用户组） 可用的数据组可在 WorkVisual 中或在焊接数据组编辑器中配置

续上表

参 数 名 称	参 数 含 义
电压	电压为焊接电压,该参数为定制参数,需要结合焊机 I/O 表在 WorkVisual 中配置
送丝速度	送丝速度为定制参数,需要结合焊机 I/O 表在 WorkVisual 中配置
引燃等待时间	引燃后的等待时间(从电弧引燃至运动开始的等待时间)
提前送气时间	提前送气时间(电弧引燃前的时间,期间已提前送气)

2. 焊接参数组

焊接参数组是用于焊接阶段的参数,参数设置窗口如图 1-4-8 所示。

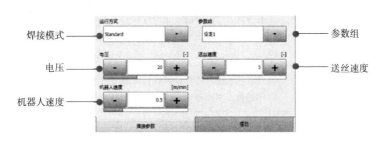

图 1-4-8　焊接参数设置

焊接参数含义见表 1-4-6。

焊 接 参 数 含 义　　　　　　　　表 1-4-6

参 数 名 称	参 数 含 义
运行方式	运行方式,即焊接模式(选择焊接模式权限为专家用户组) 可用的电源焊接模式可在 WorkVisual 中或在焊接数据组编辑器中配置(最多 4 种)。焊接模式的名称只可在 WorkVisual 中更改
参数组	与任务相关的所选焊接模式数据组(选择数据组的前提条件:专家用户组) 可用的数据可在 WorkVisual 中或在焊接数据组编辑器中配置
电压	电压为焊接电压,该参数为定制参数,需要结合焊机 I/O 表在 WorkVisual 中配置
送丝速度	送丝速度为定制参数,需要结合焊机 I/O 表在 WorkVisual 中配置
焊接速度	焊接速度为单位时间内的焊接长度。 在生产应用中有两种情况: ①机器人与变位机同步运动时,焊接速度为机器人焊接 TCP 点与工件焊缝之间的相对速度; ②机器人与变位机异步运动时,焊接速度为机器人焊接 TCP 的运动速度

注:在机器人控制系统上不能对焊接速度单位进行更改。只能在 WorkVisual 项目中进行更改,然后必须将该项目重新传送到机器人控制系统中。此时,已编程的速度值会自动调整。

3. 终端焊口参数组

终端焊口参数组是用于收弧阶段的参数,参数设置窗口如图 1-4-9 所示。

终端焊口参数含义见表 1-4-7。

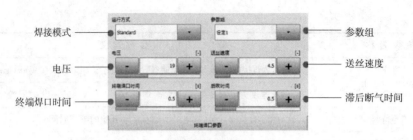

图 1-4-9 终端焊口参数设置

终端焊口参数含义 表 1-4-7

参 数 名 称	参 数 含 义
运行方式	运行方式,即焊接模式(选择焊接模式权限为专家用户组) 可用的电源焊接模式可在 WorkVisual 中或在焊接数据组编辑器中配置(最多4 种)。焊接模式的名称只可在 WorkVisual 中更改
参数组	与任务相关的所选焊接模式数据组(选择数据组的前提条件:专家用户组) 可用的数据组可在 WorkVisual 中或在焊接数据组编辑器中配置
电压	电压为焊接电压,该参数为定制参数,需要结合焊机 I/O 表在 WorkVisual 中配置
送丝速度	送丝速度为定制参数,需要结合焊机 I/O 表在 WorkVisual 中配置
终端焊口时间	在焊接结束后,焊缝终点会有明显的弧坑,因此必须设置合适的终端焊口时间,以保证将弧坑填满
滞后断气时间	焊接结束后,工件和焊丝末端温度较高容易氧化,因此设置合适的滞后断气时间防止其在冷却时候被氧化

📖 任务实施——设置焊接工艺参数

1. 任务要求

根据表 1-4-8 设置焊接参数,熟练掌握焊接工艺参数的设置方法。

焊接工艺参数设置 表 1-4-8

参数名称	设 定 值	参数名称	设 定 值
焊接模式	Standard	焊接电压	20
参数组	设定 1	焊接送丝速度	5
气体送气时间	0.5	终端焊口时间	0.5
引燃等待时间	0.5	滞后断气时间	0.5
引燃电压	22	终端焊口电压	19
引燃送丝速度	5	终端送丝速度	4.5

2. 任务操作

(1)新建一个作业文件,名为"test"(图 1-4-10)

(2)在作业文件中添加"Arc On""Arc Swi""Arc Off"指令(图 1-4-11)。

(3)按照表 1-4-7 要求,在"Arc On"指令上设置引燃参数(图 1-4-12)。

图1-4-10 操作步骤(1)　　　　　　　　图1-4-11 操作步骤(2)

(4)按照表1-4-7要求,在"Arc Swi"指令上设置焊接参数(图1-4-13)。

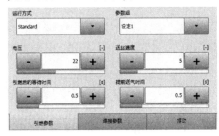 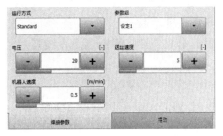

图1-4-12 操作步骤(3)　　　　　　　　图1-4-13 操作步骤(4)

(5)按照表1-4-7要求,在"Arc Off"指令上设置终端端口参数(图1-4-14)。

图1-4-14 操作步骤(5)

任务二　直线轨迹示教编程

任务目标

1.知识目标

掌握直线轨迹示教编程。

2.教学重点

Arc Swi 中直线轨迹示教的应用。

任务知识

1.一条焊缝示教

以图1-4-15为例,解析直线弧焊示教指令,程序如下:

INI

……

PTP P1 VEL =50% PDAT1 TOOL[1]:weld−1 Base[0]

ARC ON   WDAT1 LIN   P2   VEL = 50% CPDAT2 TOOL[1]:weld − 1 Base[0]

ARC OFF   WDAT2 LIN   P3   VEL = 50% CPDAT1 TOOL[1]:weld − 1 Base[0]

PTP P4 VEL = 50% PDAT1 TOOL[1]:weld − 1 Base[0]

程序分析：

机器人从 HOME 位置运行到避让点 P1，然后使用 ARC ON 指令直线移动到引燃位置，做好焊接前通气、起弧等焊接前的准备工作；由于本段程序只有一条直线焊缝，因此采用 Arc Off 实现焊缝的轨迹示教，并实现收弧功能。

2. 多条焊缝示教

以图 1-4-16 为例，解析多条直线弧焊示教指令，程序如下：

INI

……

PTP P1 VEL = 50% PDAT1 TOOL[1]:weld − 1 Base[0]

ARC ON   WDAT1 LIN   P2   VEL = 50% CPDAT1 TOOL[1]:weld − 1 Base[0]

ARC SWI   WDAT2 LIN   P3   VEL = 50% CPDAT2 TOOL[1]:weld − 1 Base[0]

ARC OFF   WDAT3 LIN   P4   VEL = 50% CPDAT3 TOOL[1]:weld − 1 Base[0]

PTP P5 VEL = 50% PDAT1 TOOL[1]:weld − 1 Base[0]

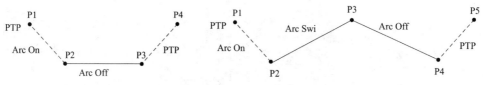

图 1-4-15　直线弧焊示教（1）　　　　图 1-4-16　直线弧焊示教（2）

程序分析：

机器人从 HOME 位置运行到避让点 P1，然后使用 Arc On 指令直线移动到引燃位置，做好焊接前通气、起弧等焊接前的准备工作；由于本段程序有两条直线焊缝，因此采用 Arc Swi 插补指令进行插补，实现 P2→P3 的运行；最后一段焊缝采用 Arc Off 指令，实现收弧功能和最后一条直线段的示教。

 任务实施——直线弧焊示教练习

1. 任务要求

按照图 1-4-17 中点位和指令要求，机器人从 HOME 点移至焊接准备点 P1，P1 点至引燃位置 P2，从 P2 点开始焊接，到 P6 点收弧结束焊接，再移至 P7 点，最后回到 HOME 点。整个焊接过程中需要焊接四条直线，其中三条需要插补焊接。焊接工艺参数值按照表 1-4-8 输入。

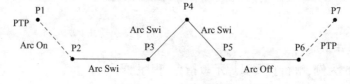

图 1-4-17　直线示教轨迹

2. 任务操作

（1）新建焊接作业文件"WELD − LIN"（图 1-4-18）。

（2）添加"PTP"指令,示教焊接准备点 P1（图 1-4-19）。

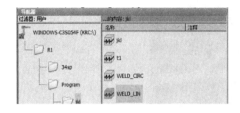

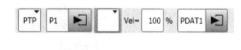

图 1-4-18　操作步骤(1)　　　　　　　　　图 1-4-19　操作步骤(2)

（3）在焊接起始点 P2 添加"Arc On"引燃指令,并输入引燃参数组（图 1-4-20）。

（4）在焊接插补示教点 P3、P4、P5 分别添加"Arc Swi"指令,并输入焊接参数组（图 1-4-21）。

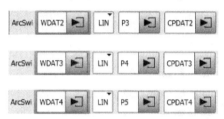

图 1-4-20　操作步骤(3)　　　　　　　　　图 1-4-21　操作步骤(4)

（5）在收弧点 P6 添加"Arc Off"指令,示教收弧点并输入收弧参数（图 1-4-22）。

图 1-4-22　操作步骤(5)

（6）程序清单如下：

5　　PIP P1 Vel =100 % PDAT1 Tool[1]:weld −1 Base[0]

6　　ARCON WDAT1 LIN P2 Vel =2 M/S CPDAT1 Tool[1]:weld −1 Base[0]

7　　ARCSW1 WDAT2 LIN P3 CPDAT2 Tool[1]:weld −1 Base[0]

8　　ARCSW1 WDAT3 LIN P4 CPDAT3 Tool[1]:weld −1 Base[0]

9　　ARCSW1 WDAT4 LIN P5 CPDAT4 Tool[1]:weld −1 Base[0]

10　　ARCSW1 WDAT5 LIN P7 CPDAT5 Tool[1]:weld −1 Base[0]

（7）将示教器运行速度调至 50%,按下"确认"和"启动"键,观察焊枪轨迹是否符合图 1-4-17要求。如有不符,修正示教点位（图 1-4-23）。

（8）开启"焊接"工艺键,执行焊接作业（图 1-4-24）。

图 1-4-23　操作步骤(7)　　　　　　　　　图 1-4-24　操作步骤(8)

(9)焊接效果如图1-4-25所示。

图1-4-25 焊接效果

任务三 圆弧轨迹示教编程

 任务目标

1.知识目标

掌握圆弧轨迹示教编程。

2.教学重点

Arc Swi 中圆弧轨迹示教的应用。

🅰 任务知识

以图1-4-26为例,解析直线弧焊示教指令,程序如下:

INI

……

PTP P1 VEL =50% PDAT1 TOOL[1]:weld −1 Base[0]

ARC ON　WDAT1 LIN　P2　VEL =50% CPDAT2 TOOL[1]:weld −1 Base[0]

ARC OFF　WDAT3 CIRC　P3 P4　VEL =50% CPDAT2 TOOL[1]:weld −1 Base[0]

PTP P5 VEL =50% PDAT1 TOOL[1]:weld −1 Base[0]

程序分析:

机器人从 HOME 位置运行到避让点 P1,然后使用 Arc On 指令直线移动到引燃位置,做好焊接前通气、起弧等焊接前的准备工作。由于本段程序只有一条圆弧焊缝,因此采用 Arc Off 实现焊缝的轨迹示教,并实现收弧功能,其中 P3 点为圆弧段的辅助点、P4 为目标点。

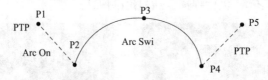

图1-4-26 圆弧轨迹示教

📖 任务实施——圆弧弧焊示教练习

1.任务要求

按照图1-4-27所示,本次圆弧示教的任务为连续两段圆弧焊缝。根据点位和指令要求,机器人从 HOME 点移至焊接准备点 P1,P1 点至引燃位置 P2,从 P2 点开始焊接,到 P6 点收弧,再移至 P7 点,最后回到 HOME 点。整个焊接过程需要焊接 2 条圆弧,其中一条需要插补焊接。焊接工艺参数值按照表 1-4-7 输入。

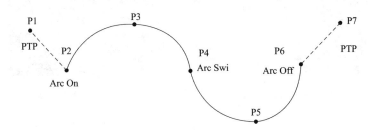

图 1-4-27　圆弧示教轨迹

2. 任务操作

(1)新建焊接作业文件"WELD－CIRC"(图 1-4-28)。

(2)添加 "PTP"指令示教焊接准备点 P1(图 1-4-29)。

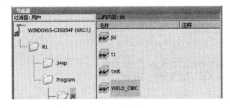

图 1-4-28　操作步骤(1)

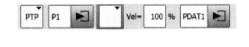

图 1-4-29　操作步骤(2)

(3)在焊接起始点 P2 添加"Arc On"引燃指令,并输入引燃参数组(图 1-4-30)。

(4)在焊接插补示教点 P3、P4,添加"Arc Swi"指令,选择"CIRC"运动方式,示教辅助点和目标点,并输入焊接参数组(图 1-4-31)。

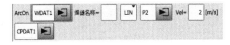

图 1-4-30　操作步骤(3)

图 1-4-31　操作步骤(4)

(5)在收弧点 P6 添加"Arc Off"指令,选择"CIRC"运动方式,示教辅助点和目标点,并输入收弧参数(图 1-4-32)。

图 1-4-32　操作步骤(5)

(6)程序清单如下:

5　PTP P1 Vel =100 ％ PDAT1 Tool[1]:weld－1 Base[0]

6　ARCON WDAT1 LIN P2 Vel =2 m/s CPDAT1 Tool[1]:weld－1 Base[0]

7　ARCSW1 WDAT2 CIRC P3 P4 CPDAT2 Tool[1]:weld－1 Base[0]

8　ARCOFF WDAT3 CIRC P6 P5 CPDAT3 Tool[1]:weld－1 Base[0]

(7)将示教器运行速度调至 50％,按下"确认"和"启动"键,观察焊枪轨迹是否符合图 1-4-27 要求,如有不符,修正示教点位(图 1-4-33)。

（8）开启"焊接"状态键，执行焊接作业程序（图1-4-34）。

图1-4-33　操作步骤(7)　　　　　　图1-4-34　操作步骤(8)

（9）焊接效果如图1-4-35所示。

图1-4-35　焊接效果

任务四　摆动轨迹示教编程

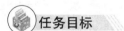

任务目标

1.知识目标

掌握摆动轨迹示教编程。

2.教学重点

摆动基本参数对焊缝成型的影响。

任务知识

一、摆动基本参数

在弧焊机器人的应用工艺中，通常存在宽焊缝焊接的问题。当焊缝的坡口较宽时，通常会采用摆动焊接，使焊枪在预定的焊接路径上，以路径为中心摆动焊接，使焊丝填充更宽的焊缝，以获得较大的熔宽。

摆动叠加在焊接路径运动上，即摆动焊接分为主运动和摆动运动。焊缝的轨迹为主运动路径，摆动是围绕主路径周期性摆动的辅助运动。摆动的参数设置可以在所有的焊接指令上设置，主要包括摆动形状、摆动长度、摆动偏转、摆动角度等参数。

1.摆动形状

摆动形状见表1-4-9，包括4种基本的形状。

焊接摆动形状图　　　　　　　　　　　　　　　　　　　表 1-4-9

摆动形状参数	参数示意图
无摆动	
三角形	
梯　形	
不对称梯形	
螺旋形	

参数说明：

(1) 摆动时摆动图形始终被重复。

(2) 摆动图形的形状和焊接速度有关,焊接速度越高,摆动图形的轨迹逼近就越强。

(3) 摆动图形的形状还取决于用户为摆动长度和振幅设定的数值。

2. 摆动长度和偏转

如图 1-4-36 所示,摆动形状参数主要包括摆动长度①和偏转②。

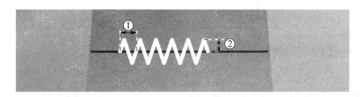

图 1-4-36　摆动形状参数

(1) 摆动长度是焊枪一个周期波形在主路径上的轨迹长度值,而偏转是波形的振幅。

(2) 焊缝的焊接时间与摆动图形的长度和振幅无关,与设定的机器人焊接速度相关。

二、摆动参数设置

摆动参数可以在 Arc On 和 Arc Swi 指令中设置,其参数如图 1-4-37 所示。

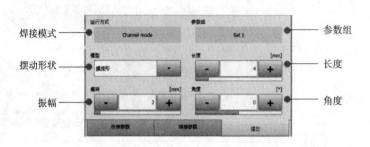

图 1-4-37 摆动参数设置

摆动参数含义见表 1-4-10。

摆 动 参 数 含 义   表 1-4-10

参 数 名 称	参 数 含 义
运行方式	运行方式,即焊接模式(选择焊接模式权限为专家用户组) 可用的电源焊接模式可在 WorkVisual 中或在焊接数据组编辑器中配置(最多4 种)。焊接模式的名称只可在 WorkVisual 中更改
参数组	与任务相关的所选焊接模式数据组(选择前提条件:专家用户组) 可用的数据组可在 WorkVisual 中或在焊接数据组编辑器中配置
摆动形状	选择摆动形状,包括螺旋形、三角形、梯形和不规则梯形 在 WorkVisual 中可为参数组配置摆动形状
摆动长度	只有当选择了一个摆动图形时才可用 摆动长度(1 个波形:从图形的起点到终点的轨迹长度)
偏转	只有当选择了一个摆动图形时才可用 偏转(摆动图形的高度)
角度	只有当选择了一个摆动图形时才可用 角度(摆动面的转角) $-179.9° \sim +179.9°$

任务实施——摆动轨迹示教

1. 任务要求

本任务是在直线敷焊的基础上,增加摆动功能,根据设置不同的摆动参数,观察不同类型摆动焊接效果。如图 1-4-38 所示,焊接四条直线轨迹,每条直线轨迹附加不同的摆动形状(螺旋、三角、梯形和不规则梯形),当四条焊缝完成后回到 HOME 点。

摆动参数见表 1-4-11。

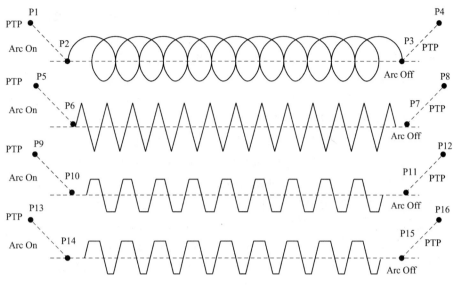

图 1-4-38 摆动示教点位图

摆 动 参 数   表 1-4-11

参 数 名 称	摆动参数值			
	第一条	第二条	第三条	第四条
摆动形状	螺旋	三角	梯形	不对称梯形
摆动长度	3	3	4	4
偏转	2	2	3	3
角度	0	0	0	0
示教点位	P1 ~ P4	P5 ~ P8	P9 ~ P12	P13 ~ P16

2. 任务操作

（1）新建焊接作业文件"WELD – WEAV"（图 1-4-39）。

（2）按照示教点位，示教四段直线弧焊轨迹。

（3）将第一段直线摆动图形设置为螺旋形（图 1-4-40）。

（4）将第二段直线摆动图形设置为三角形（图 1-4-41）。

（5）将第三段直线摆动图形设置为梯形（图 1-4-42）。

（6）将第四段直线摆动图形设置为不对称梯形（图 1-4-43）。

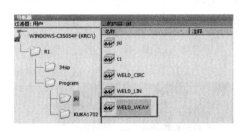

图 1-4-39　操作步骤(1)

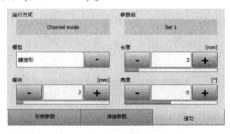

图 1-4-40　操作步骤(3)

（7）程序清单如下：

6　PTP P1 Vel =100 % PDAT1 Tool[1]：weld –1 Base[0]

7　ARCON WDAT1 LIN P2 Vel =2 m/s CPDAT1 Tool[1]:weld −1Base[0]

8　ARCOFF WDAT2 LIN P3 CPDAT2 Tool[1]:weld −1 Base[0]

9　LIN P4 Vel =2 m/S CPDAT9 Tool[1]:weld −1 Base[0]

11　PTP PS Vel =100 % PDAT3 Tool[1]:weld −1 Base[0]

12　ARCON WDAT3 LIN P6 Vel =2 m/s CPDAT3 Tool[1]:weld −1 Base[0]

13　ARCOFF WDAT4 LIN P7 CPDAT4 Tool[1]:weld −1 Base[0]

14　LIN P8 Vel −2 A/S CPDAT10 Tool[1]:weld −1 Base[0]

16　PTP P9 Vel −100 % PDAT5 Tool[1]:weld −1 Base[0]

17　ARCON WDAT5 LIN P10 Vel =2 m/s CPDATS Tool[1]:weld −1 Base[0]

18　ARCOFF WDAT6 LIN P11 CPDAT6 Tool[1]:weld −1 Base[0]

19　LIN P12 Vel =2 m/s CPDAT11 Tool[1]:weld −1 Base[0]

21　PTP P13 Vel =100 % PDAT7 Tool[1]:weld −1 Base[0]

22　ARCON WDAT 7 LIN P14 Vel =2 m/s CPDAT7 Tool[1]:weld = −1 Base[0]

23　ARCOFF WDAT8 LIN P15 CPDAT8 Tool[1]:weld −1 Base[0]

24　LIN P16 Vel −2 m/s CPDAT12 Tool[1]:weld −1 Base[0]

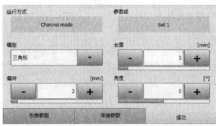
图1-4-41　操作步骤(4)

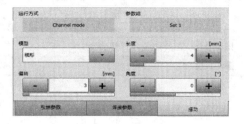
图1-4-42　操作步骤(7)

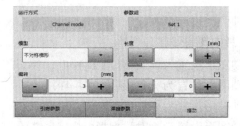
图1-4-43　操作步骤(8)

(8)将示教器运行速度调至 50% ,按下"确认"和"启动"键,观察焊枪轨迹是否符合图1-4-27 要求。如有不符,修正示教点位(图1-4-44)。

(9)开启"焊接"状态键,执行焊接作业程序(图1-4-45)。

图1-4-44　操作步骤(8)

图1-4-45　操作步骤(9)

（10）焊接效果如图1-4-46所示。

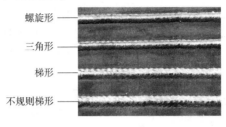

図 1-4-46　焊接效果

任务五　典型应用编程——坡口对接焊

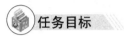

1.知识目标

（1）了解对接焊焊缝种类,熟悉对接焊坡口形式;

（2）掌握坡口对接焊的焊接工艺编程。

2.教学重点

坡口对接焊的工艺参数及焊机姿态要求。

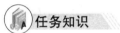

一、焊缝及坡口形式

1.焊缝

焊缝(Welded Seam)是利用焊接热源的高温,将填充金属和接缝处的金属熔化连接而成的缝,焊缝金属冷却后,即将两个焊件连接成整体。根据焊缝金属的形状和焊件相互位置的不同,分为对接焊缝、角焊缝等。其中,对接焊缝常用于板件和型钢的拼接、角焊缝常用于搭接连接。

依据焊缝在空间的位置不同,可将焊接分为平焊、立焊、横焊和仰焊四种,如图1-4-47所示。平焊易操作,劳动条件好,生产率高,焊缝质量易保证,所以焊缝布置应尽可能放在平焊位置。立焊、横焊和仰焊时,由于重力作用,被熔化的金属要向下滴落而造成施焊困难,因此,应尽量避免。

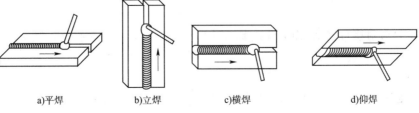

a)平焊　　　　b)立焊　　　　c)横焊　　　　d)仰焊

图 1-4-47　焊接空间位置

2.坡口形式

坡口是根据设计或工艺要求,在焊件的待焊部位加工并装配成的一定几何形状的沟槽。如图1-4-48所示,典型坡口形式包括I形、Y形、双Y形及U形坡口。

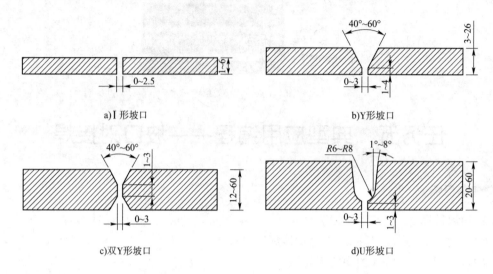

a)I形坡口

b)Y形坡口

c)双Y形坡口

d)U形坡口

图1-4-48　典型坡口形式

(1)I形坡口。

如图1-4-48所示,I形坡口不用精确加工坡口,但焊缝成型较差,一般适用于厚度1~6mm工件的对接焊。

(2)Y形坡口。

如图1-4-48所示,Y形坡口的优点在于坡口面加工简单,可单面焊双面成型,焊件不用翻身焊接,应用广泛。但其焊接坡口空间面积大,填充材料多,焊件较厚时,生产效率低,焊接变形量大,常用于3~26mm工件的对接焊。

(3)双Y形坡口。

如图1-4-48所示,双Y形坡口需要双面焊接,坡口加工较Y形复杂,焊接过程中需要焊件翻身,但焊接变形较小,常用于12~60mm工件焊接。

(4)U形坡口。

如图1-4-48所示,U形坡口可单面焊接,坡口面积大,填充材料少,生产效率较Y形坡口高,但坡口面根部半径加工困难,应用较少,常用于20~60mm工件焊接。

二、焊接前的准备工作

在坡口直线对接焊之前,需对焊接要求进行确认,准备母材、焊丝及焊接条件,主要有以下几方面工作。

1.材料准备

焊接前需对母材进行加工,以满足焊接要求,本任务要进行10mm的碳钢对接焊,母材的相关要求见表1-4-12。

母材及焊丝要求

表 1-4-12

母材材料	母材尺寸	坡口尺寸	焊接要求	焊丝规格
Q235 钢板	100mm×80mm×10mm	50°Y 形坡口 钝边 1.5mm	单面焊 双面成型	JQ. MG50−6, φ1.2

2. 工件准备

在进行焊接前,需要对工件进行三方面的准备。

(1)工件清理(图 1-4-49)。

图 1-4-49 清理工具

在焊接前,用钢丝刷等工具打磨清理工件坡口部位及两侧 30mm 内的锈迹、油污等,保证焊接区域露出金属光泽。

(2)定位焊。

定位焊又称点固焊,是为了装配和固定焊接接头位置而进行的焊接。在整条焊缝焊接前,要先将被焊件的接缝和间隙固定下来。在接缝处,首先要点焊定位,因为焊件在焊接开始后一经受热会产生较大的变形,通过定位焊,焊件的装配位置和间隙就被固定了,就能使焊接工作顺利进行,焊接出均匀的焊缝。

①装配间隙。

在焊接过程中,由于热胀冷缩,焊接终端比始端后收缩,终端收缩量比始端大,因此工件在定位焊的时候,始端间歇要比终端间歇小,如图 1-4-50 所示。

在焊接过程中,由于填充金属冷却造成焊缝收缩使工件变形,Y 型则会向焊口处收缩,因此需要进行反变形定位焊。定位焊的时候就将工件按收缩的相反方向设置反变形量,一般反变形角度为 5°左右,焊接后可以减小工件焊后变形量。焊接反变形间歇调整如图 1-4-51 所示。

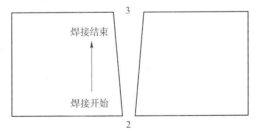

图 1-4-50 定位焊装配间歇示意图

②定位焊。

定位焊起头和结尾应圆润,焊缝高度不超过设计规定的焊缝高度 2/3,以越小越好。本任务实施定位焊长度为 5mm,错边量不大于 1mm,采用背面焊。

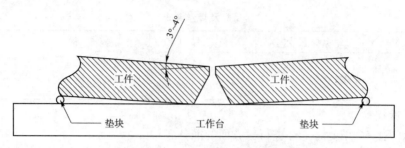

图 1-4-51　反变形间歇调整示意图

（3）焊接工艺。

对于坡口的焊接，需要至少三层焊道的焊接，包括打底焊、填充焊和盖面焊。随着工件厚度增加，坡口加深，填充焊道层数可以相应增加；若焊缝宽度过宽，每层焊道可以增加。

打底焊主要目的是控制变形和焊缝成型好。先用适当的电流和焊材打底，将焊缝成型后，焊缝反面成型良好，这对于单面焊双面成型非常重要，然后再用稍大的电流进行填充，这样成型好、速度快。如果不打底就直接填充，有可能出现焊穿或是未焊透等不良焊接。焊接如图 1-4-52 所示。

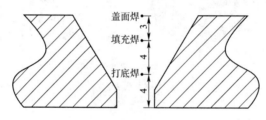

图 1-4-52　焊接工艺示意图

📖 任务实施——坡口对接焊示教编程

1. 任务要求

（1）工件准备。

准备焊接工件，按照始端 2mm、终端 3mm 装配间歇进行定位焊。

（2）示教编程。

本次直线对接焊 10mm 的碳钢板，需进行单道 3 层焊接，即打底焊、填充焊和盖面焊。按照图 1-4-53 进行点位示教。3 层焊道高度离工件底面分别为 4mm、8mm、11mm。

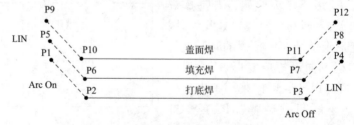

图 1-4-53　3 层焊接示教点位

（3）焊接参数。

由于本次焊接材料厚度为 10mm，需实施 3 层焊接，因此每层焊接都应设置焊接工艺参数。焊接工艺参数见表 1-4-13。

焊接工艺参数   表1-4-13

参数名称	焊接电压	送丝速度	摆动参数			
			形状	长度	偏转	角度
打底焊	20	5	螺旋	4	2	0
填充焊	23	6	三角	2	4	0
盖面焊	23	6	梯形	2	4	0

(4)焊接质量要求。

①焊后角变形≤3°。

②焊缝余高0～3mm,余高差≤2mm。

③焊缝表面不得有裂痕、气孔、夹渣等缺陷。

2.任务操作

(1)用工装夹具将经过定位焊的工件固定在焊接平台上。

(2)新建焊接作业文件"WELD－BUTT"(图1-4-54)。

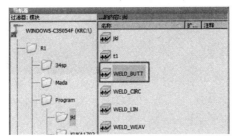

图1-4-54 操作步骤(2)

(3)按照图1-4-54的要求示教打底焊点 P1～P4。程序清单如下:

6　PTP P1 Vel =100 % PDAT1 TooL[1]:weld－1 Base[0]

7　ARCON WDAT1 LIN P2 Vel =2 m/s CPDAT1 Tool[1]:weld－1 Base[0]

8　ARCOFF WDAT2 LIN P3 CPDAT2 TooL[1]:weld－1 Base[0]

9　LIN P4 Vel =2 m/s CPDAT3 Tool[1]:weld－1 Base[0]

(4)按照图1-4-54的要求示教填充焊点 P5～P8。程序清单如下:

11　PTP P5 Vel =100 % PDAT2 Tool[1]:weld－1 Base[0]

12　ARCON WDAT3 LIN P6 Vel =2 m/s CPDAT4 Tool[1]:weld－1 Base[0]

13　ARCOFF WDAT4 LIN P7 CPDAT5 Tool[1]:weld－1 Base[0]

14　LIN P8 Vel =2 m/s CPDAT6 Tool[1]:weld－1 Base[0]

(5)按照图1-4-54的要求示教盖面焊点 P9～P12。程序清单如下:

16　PTP P9 Vel =100 % PDAT3 Tool[1]:weld－1 Base[0]

17　ARCON WDAT5 LIN P10 Vel =2 m/s CPDAT7 Tool[1]:weld－1 Base[0]

18　ARCOFF WDAT6 LIN P11 CPDAT8 Tool[1]:weld－1 Base[0]

19　LIN P12 Vel =2 m/s CPDAT9 Tool[1]:weld－1 Base[0]

(6)设置打底焊焊接参数及摆动参数(图1-4-55)。

(7)设置填充焊焊接参数及摆动参数(图1-4-56)。

（8）设置盖面焊焊接参数及摆动参数（图1-4-57）。

（9）将示教器运行速度调至50%，按下"确认"和"启动"键，观察焊枪轨迹是否符合图1-4-54要求，如有不符，修正示教点位（图1-4-58）。

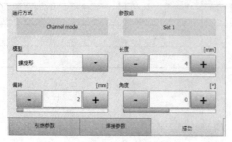

图1-4-55　操作步骤（6）

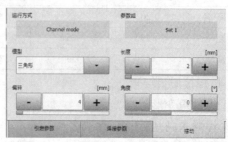

图1-4-56　操作步骤（7）

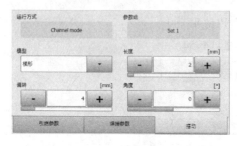

图1-4-57　操作步骤（8）

图1-4-58　操作步骤（9）

（10）开启"焊接"状态键，执行焊接作业程序（图1-4-59）。

（11）焊后按照焊接质量要求进行检验，焊接效果如图1-4-60所示。

图1-4-59　操作步骤（10）

图1-4-60　焊接效果

课后习题

一、填空题

（1）KUKA机器人提供了三条基本焊接指令，包括_____、_____和_____。

（2）焊接示教的工艺流程主要包括_____、_____和_____三个阶段。

（3）焊机一般包括_____和_____两种工作模式，其中机器人控制下工作模式是_____。

（4）焊接工艺参数组主要包括_____、_____、_____和摆动参数组。

(5) 示教四段连续直线焊缝,需要指令 Arc On ＿＿＿＿＿＿条,Arc Swi ＿＿＿＿＿＿条,Arc Off ＿＿＿＿＿条。

(6) 焊接直线焊缝时,执行直线插补指令,写出下列指令参数含义。

① ＿＿＿＿＿＿ ② ＿＿＿＿＿＿ ③ ＿＿＿＿＿＿ ④ ＿＿＿＿＿

(7) 示教两段连续圆弧焊缝,需要指令 Arc On ＿＿＿＿＿＿条,Arc Swi ＿＿＿＿＿＿条,Arc Off ＿＿＿＿＿条。

(8) 焊接圆弧焊缝时,执行圆弧插补指令,写出下列指令参数含义。

① ＿＿＿＿＿ ② ＿＿＿＿＿ ③ ＿＿＿＿＿ ④ ＿＿＿＿＿ ⑤ ＿＿＿＿＿

(9) 摆动是叠加在焊接路径运动上,摆动焊接分为＿＿＿＿＿和＿＿＿＿＿运动。

(10) 摆动焊接的参数主要包括＿＿＿＿＿、＿＿＿＿＿、＿＿＿＿＿和＿＿＿＿＿。

(11) 摆动焊接的摆动图形有 4 种基本图形,即 ＿＿＿＿＿、＿＿＿＿＿、＿＿＿＿＿ 和＿＿＿＿＿。

(12) 摆动焊接时,摆动的形状参数主要包括＿＿＿＿＿和＿＿＿＿＿。

(13) 当焊缝较厚时,对接坡口分为多层的三条焊缝,分别是 ＿＿＿＿＿、＿＿＿＿＿ 和＿＿＿＿＿。

二、选择题

(1) 一条焊缝至少需要指令是(　　　)。
　　A. 引燃指令　　　　B. 插补指令　　　　C. 收弧指令　　　　D. 周期检验

(2) 引燃指令可采用的运动方式是(　　　)。
　　A. PTP　　　　　　B. LIN　　　　　　C. CIRC　　　　　D. 样条

(3) 收弧指令可采用的运动方式是(　　　)。
　　A. PTP　　　　　　B. LIN　　　　　　C. CIRC　　　　　D. 样条

(4) 摆动参数可在以下指令中设置(　　　)。
　　A. Arc On　　　　　B. Arc Swi　　　　C. Arc Off

(5) 根据焊缝在空间的位置不同,可将焊缝分为(　　　)。
　　A. 平焊　　　　　　B. 俯焊　　　　　　C. 立焊　　　　　D. 仰焊　　　　E. 横焊

(6) 坡口是焊件的待焊部位加工并装配成的一定几何形状的沟槽,典型坡口分为(　　　)。
　　A. I 形　　　　　　B. Y 形　　　　　　C. 双 Y 形　　　　D. U 形

(7) 适合 1~6mm 焊接的坡口是(　　　)。
　　A. I 形　　　　　　B. Y 形　　　　　　C. 双 Y 形　　　　D. U 形

三、判断题

(1) 关断焊接状态键后,机器人以焊接速度移动。 （　　）

(2) 提前送气时间是引弧和收弧参数组的参数。 （　　）

四、简答题

(1) 在进行圆弧焊接时,姿态引导采用手动 PTP 有什么影响?

(2) 为什么要使用摆动焊接?

(3) 请描述定位焊的作用。

项 目 小 结

　　本项目包括五个学习任务。第一个任务主要讲述工业机器人焊接程序构成、焊接前的准备工作、基本焊接指令、焊接参数的配置,学生主要了解一条或多条焊缝的程序指令组成,学会三条焊接指令(Arc On、Arc Swi 及 Arc Off),理解焊接参数值的时效范围,掌握焊接参数配置,并严格按照焊前检查要求进行焊接准备工作,为焊接工艺实施做准备。第二个任务主要讲述直线焊缝的工艺实施,学生学习直线焊缝示教技巧,综合应用焊接参数配置,实现多段直线焊缝的焊接。第三个任务主要讲述圆弧焊缝的工艺实施,学生学习圆弧焊缝示教技巧,综合应用焊接参数配置,实现多段圆弧焊缝的焊接。第四个任务讲述焊缝的摆动参数及示教,学生主要学习焊接摆动参数(三角形、梯形、不对称梯形及螺旋形),掌握偏转、长度、角度对焊缝成型的影响,理解摆动应用工艺。第五个任务主要讲述接焊的相关知识,学生主要学习对接焊坡口的种类、坡口参数、对接焊焊接工艺参数、定位焊接、对接焊焊接质量检查要求,并通过实操练习,掌握多层单道焊的工艺特点及变形的消除方式。

模块二　工业机器人点焊工作站系统集成

项目一　点焊工作站的认知

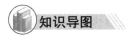 知识导图

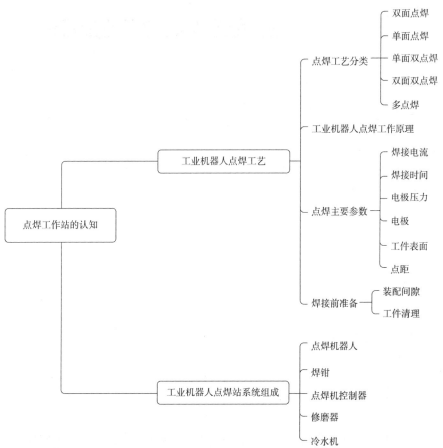

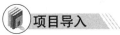 项目导入

　　焊接是现代机械制造业不可缺少的加工工艺,在机器人行业中应用最广泛的焊接技术

是弧焊和点焊。点焊是电阻焊的一种,在焊接过程中接通电流,利用电阻热的作用使工件接触处熔化,冷却后形成焊点。点焊主要用于 4mm 以下的薄板构件焊接,特别适合汽车车身和车厢、飞机机身的焊接。

本项目将学习点焊的工作原理、机器人点焊工作站系统组成等方面。

 学习目标

1. 知识目标

(1)熟悉点焊的工作原理;

(2)熟悉工业机器人点焊工作站结构和功能。

2. 情感目标

(1)增长见识,激发学习的兴趣;

(2)关注我国点焊机器人行业,初步了解点焊机器人工作原理及设备组成,学习工业机器人点焊站系统集成的思路,培养团队协作精神,树立为我国点焊机器人的应用及发展努力学习的目标。

任务一　工业机器人点焊工艺原理

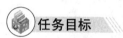 **任务目标**

1. 知识目标

(1)了解工业机器人焊接分类;

(2)了解焊点成型原理;

(3)熟悉电阻焊的焊接工艺参数;

(4)熟悉工业机器人焊接原理。

2. 教学重点

(1)电阻焊的焊接工艺参数;

(2)工业机器人焊接原理。

 任务知识

一、点焊工艺分类

点焊属于电阻焊的一种,根据点焊工艺的不同,点焊方法分为双面单点焊、单面单点焊、单面双点焊、双面双点焊和多点焊五类。

1. 双面单点焊

所有的通用焊机均采用这个方案。从焊件两侧馈电,适用于小型零件和大型零件周边各焊点的焊接。

2. 单面单点焊

当零件的一侧电极可达性很差或零件较大、二次回路过长时,可采用这个方案。从焊件单侧馈电,需考虑另一侧加铜垫以减小分流并作为反作用力支点。

3. 单面双点焊

从一侧馈电时,尽可能同时焊两点以提高生产率。单面馈电往往存在无效分流现象,浪费电能,当点距过小时将无法焊接。在某些场合,如设计允许,在上板两点之间冲一窄长缺口,可使分流电流大幅下降。

4. 双面双点焊

双面双点焊需制作两个变压器,分别置于焊件两侧,这种方案亦称推挽式点焊,两变压器的通电需按极性进行。

5. 多点焊

当零件上焊点数较多,大规模生产时,常采用多点焊方案以提高生产率。目前一般采用一组变压器同时焊两点或四点。一台多点焊机可由多个变压器组成。可采用同时加压同时通电、同时加压分组通电和分组加压分组通电三种方案。

二、工业机器人点焊工作原理

1. 点焊原理

电阻点焊是通过点焊电极对被焊工件施加并保持一定的压力,使工件稳定接触,然后使焊接电源输出的电流通过被焊工件和它们的接触表面产生热量,升高温度,熔化接触点局部形成焊点,达到将金属工件焊接在一起的目的,如图 2-1-1 所示。

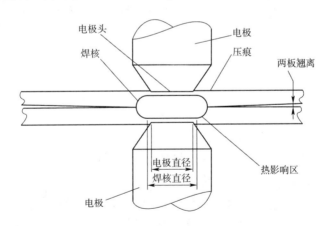

图 2-1-1 点焊焊接原理

点焊的过程是接头处组织和结晶的过程,金属结晶(焊接熔池)形成主要包括两个基本过程:

(1)晶核的形成。

焊接熔池温度分布不均匀,中心温度高,边缘处散热好,温度最低。母材熔合线处存在有半熔化的晶粒,构成了液体金属结晶的晶核,所以焊接熔池的结晶是从熔池边界处的熔合线处开始的(联生结晶)。

（2）晶粒长大。

晶粒长大通常情况下是沿着与散热方向相反的方向以柱状形态向焊接熔池中心生长的，即由熔池边缘指向熔池中心温度最高处，直至这种柱状晶粒长大、相互接触，液体金属全部凝固时，结晶过程才结束。

塑性环是熔核周围具有一定厚度的塑性金属区域。形成原理是液态熔核周围高温固态金属，在电极压力作用下产生塑性变形和强烈再结晶而形成的，先于熔核形成，且随熔核长大。

2. 点焊热源和加热特点

点焊的基本原理是通过电阻发热产生高温熔化工件，热源本质是电流通过焊接区产生的电阻热。点焊电阻分布见图2-1-2。

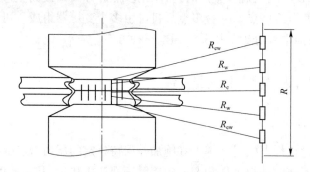

图2-1-2　点焊电阻分布图
R_c-焊件间接触电阻值；R_{ew}-电极与焊件间接触电阻值；R_w-焊件内部电阻值

根据焦耳定律，点焊产生电阻热量 Q 为：

$$Q = I^2RT$$

从上式可以看出点焊加热特点为：

（1）电阻对热量 Q 的影响

点焊时的总电阻 　　　　　　　$R = 2R_w + R_c + 2R_{ew}$。

（2）接触电阻对热量 Q 的影响

$R_c + 2R_{ew}$ 是点焊时的接触电阻，其值对热量产生的影响占内部热源的 $5\% \sim 10\%$。

（3）焊件内部电阻 $2R_w$ 对热量 Q 的影响

焊件内部电阻阻值较大，产生热量占内部热源的 $90\% \sim 95\%$。

因此，点焊过程中对焊接影响较大的是工件的材料、厚度等因素，也是点焊工艺制定的重要影响因子。

3. 工业机器人点焊过程

点焊机器人是专门用于自动点焊的工业机器人，主要由点焊机器人、点焊枪、控制器、编程器、修磨器和焊接工装等设备组成。焊接机器人的基本工作原理是"示教—再现"和"可编程"，可以在计算机的控制下实现连续轨迹控制和点位控制。

机器人电阻点焊过程中，焊点的形成过程由预压、焊接、维持和休止四个基本程序组成焊接循环，基本参数为电流和电极压力随时间变化的规律。

（1）第一阶段：预压阶段。

预压的作用是使工件的焊接处紧密接触，保证所需的接触电阻。这个阶段包括电极压力的上升和恒定两部分。

为保证在通电时电极压力恒定，必须保证预压时间，尤其是当需连续点焊时，须充分考虑焊机运动机构动作所需时间，不能无限缩短。预压的目的是建立稳定的电流通道，以保证焊接过程获得重复性好的电流密度。

（2）第二阶段：焊接阶段。

电流通过挤压在电极间的工件后，产生热量，加热工件达到熔化状态形成熔核。熔核外部金属因通过的电流较小，形成包围熔核的塑形环，影响焊点强度。

焊接电流可基本不变（指有效值），亦可为渐升或阶跃上升。在此期间，焊件焊接区的温度分布经历复杂的变化后趋向稳定。起初输入热量大于散失热量，温度上升，形成高温塑性状态的连接区，并使中心与大气隔绝，保证随后熔化的金属不氧化，而后在中心部位首先出现熔化区。随着加热的进行，熔化区扩大，而其外围的塑性环亦向外扩大，最后当输入热量与散失热量平衡时达到稳定状态。

（3）第三阶段：维持阶段。

焊点熔化形核后，在冷却结晶过程中伴随有相当大的收缩，在这个阶段一定要延迟解除电极的压力，使焊点在未完全冷却前，在电极压力作用下得到更加致密的结晶组织。

此阶段不再输入热量，熔核快速散热、冷却结晶。由于熔核体积小，且夹持在水冷电极间，冷却速度甚高，一般在几周内凝固结束。由于液态金属处于封闭的塑性环内，如无外力，冷却收缩时将产生三维拉应力，极易产生缩孔、裂纹等缺陷，故在冷却时必须保持足够的电极压力来压缩熔核体积，补偿收缩。

（4）休止阶段。

此阶段仅在焊接淬硬钢时采用，一般在维持时间内进行。当焊接电流结束，熔核完全凝固且冷却到完成，其目的是改善金相组织。

点焊过程循环时序如图 2-1-3 所示。

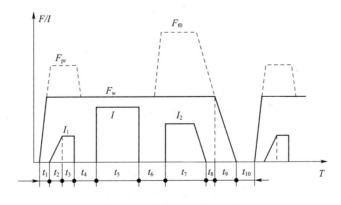

图 2-1-3　点焊焊接循环示意图

F_{pr}-预压力；F_{f0}-锻压力；F_w-电极压力

点焊时序如表 2-1-1 所示。

点焊时序说明   表 2-1-1

时 间 段	说 明	焊 接 阶 段
t_1	加压程序	预压阶段
t_2	热量递增程序	焊接阶段
t_3	加热 1 程序	
t_4	冷却 1 程序	
t_5	加热 2 程序	
t_6	冷却 2 程序	
t_7	加热 3 程序	
t_8	热量递减程序	
t_9	维持程序	维持阶段
t_{10}	休止程序	休止阶段

三、点焊主要参数

1. 焊接电流(I_W)

由热量公式 $Q = I^2RT$ 可以看出,析出的热量与电流的二次方成正比,所以焊接电流对焊点性能的影响最大,焊接时必须保证焊接电流的适宜和稳定。在其他参数不变时,当焊接电流小于某值,则熔核不能形成,超过此值后,随焊接电流增加,熔核快速增大,焊点强度上升,而后因散热量的增大,其熔核增长速度缓慢,焊点强度增加缓慢,若进一步增大电流,则导致产生飞溅,焊点强度反而下降。

根据焊接时间长短和焊接电流大小,常把点焊规范分为强规范(强条件)和弱规范(弱条件)。

(1)强规范是指在较短时间内通以大电流的规范。它的生产率高,焊接变形小,电极磨损慢,但要求设备功率大,规范应精确控制,适合焊接导热性能较好的金属。

(2)弱规范是指在较长时间内通以较小电流的规范。它的生产率低,但可选用功率小的设备焊接较厚的工件,适合焊接有淬硬倾向的金属。

2. 焊接时间(t_w)

通电时间的长短直接影响热输入的大小,在目前采用的同期控制点焊机上,通电时间是周(我国一周为 20ms)的整倍数。在其他参数固定的情况下,只有通电时间超过某最小值时才开始出现熔核,而后随通电时间的增长,熔核先快速增大,拉剪力亦提高。当选用的电流适中时,进一步增加通电时间,熔核增长变慢,渐趋恒定。当选用的电流较大时,熔核长大到一定极限后会产生飞溅。

3. 电极压力(F_w)

电极压力的大小一方面影响电阻的数值,从而影响析出热量的多少,另一方面影响焊件向电极的散热情况。过小的电极压力将导致电阻增大、析出热量过多且散热较差,引起前期飞溅;过大的电极压力将导致电阻减小、析出热量少、散热良好、熔核尺寸缩小,尤其是焊透率显著下降。因此,从节能角度来考虑,应选择不产生飞溅的最小电极压力,此值与电流值有关。焊接参数之间的相互关系以及选择焊接电流和电极压力的适当匹配,这种配合是以焊接过程不产生飞溅为主要特征,电极压力越大而电流越小,但是焊接压力选择过大而造成固相焊接(塑性环)范围过宽,导致焊接质量不稳定。电极压力不足,加热速度过快而引起飞溅,使得焊接接头质量严重下降。

综上所述,电极压力、焊接电流、通电时间的数值关系归纳为以下几点:

(1)减小非焊接物的接触阻力,防止局部加热,确保产生均匀的焊点和焊接强度。电极压力过低,焊接金属力量消失,易产生外环、裂缝等;电极压力过大,会致使工件表面产生压痕,阻值变小。

(2)焊接电流过小,焊接强度不够,焊点尺寸不足;焊接电流过大,则会发生焊接金属力量消失,表面凹凸不平。

(3)焊接时间过长,热损失越大(过热),热影响区越大,越易产生热变形。

4.电极

电阻焊电极是保证电阻焊质量的重要零件,它应具备向工件传导焊接电流、压力、散热等功能。电极材质应具有足够高的导电率、导热率和高温硬度。电极的结构必须保证有足够的强度、刚度以及能够充分冷却。

电极与工件的接触面积决定着电流密度。电极本身电阻率和导热性关系着热量的产生和散失,因而电极的形状和材料对熔核的形成及焊接质量有显著的影响。

电极工作面形状和尺寸如图2-1-4所示,本弧焊工作站采用的是球面电极。

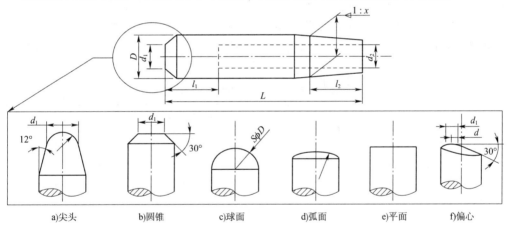

图 2-1-4　电极工作面形状和尺寸

电极工作面尺寸如表2-1-2所示。

电极工作面的尺寸　　　　　　　　　　　　　　　　　　　　　　　表 2-1-2

D	d_1	d_2	d_3	L	l_1	l_2	e	S_r	$1:x$
10	4	9.8	5.5	29~63	14	18	2	25	
18	5	12.7	8	32~79	15	16	8	32	1:10
16	6	15.5	10	40~100	16	20	4	40	圆锥角
20	8	19	12	60~105	17	25	5	50	5°43′29″
25	10	24.5	14	67~112	18	32	6.5	63	
32	—	31	18	72~120	20	40	—	80	1:5
40	—	39	20	90~130	25	50	—	100	圆锥角 11°25′16″

5.工件表面

工件表面上的氧化物,污垢、油和其他杂质增大了接触电阻。过厚的氧化物层甚至会使电流不能通过。局部的导通,由于电流密度过大,则会产生飞溅和表面烧损,氧化物层的不均匀性还会导致各个焊点加热的不一致,引起焊接质量的波动。因此,彻底清理工件表面是保证获得优质接头的必要条件,如图2-1-5所示。

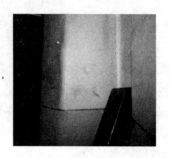

图 2-1-5　工件表面

6.点距

点距即相邻两点的中心距,其最小值与被焊接金属的厚度、导电率、表面清洁度和熔核的直径有关,点距参考值详情见表2-1-3。

规定点距最小值主要考虑分流影响,采用强规范和大的电极压力时,点距可以适当减小。采用热膨胀监控或能够顺序改变各点电流的控制器时,以及能有效地补偿分流影响的其他设备时,点距可以不受限制。

焊点的最小点距 *e* 参考值(单位:mm)　　　　　表 2-1-3

最薄板厚度	最 小 点 距		
	结构钢	不锈钢和高合金钢	轻合金
0.5	10	8	15
0.8	12	10	15
1.0	12	10	15
1.2	14	12	
1.5	14	12	20
2.0	16	14	25
2.5	18	16	25
3.0	20	18	30
3.5	22	20	35
4.0	24	22	35

7.点焊规范的其他要素和术语说明

(1)焊钳加压力。

通常以"N"或"kg"为计量单位,两者的换算关系为1kg = 9.8N。

(2)焊接电流。

以"A"(安培)为计量单位。

（3）时间。

以"cyc(周波)"和"ms(毫秒)"为计量单位。在我国,通常使用的交流电频率为50Hz,换算关系为1cyc = 1/50Hz = 20ms,这个"时间"包括点焊过程中各阶段的时长的计量,如预压时间、加压时间、冷却时间、通电时间、保持时间等。

（4）焊钳变压器的输出电流性质。

一般是指工频或中频,因其焊钳点焊控制器的不同而不同。工频焊钳采用普通的交流变压器,输出电流;中频焊钳配备了逆变变压器,将50Hz的交流电经过变频,输出的频率为500 ~ 2000Hz。

四、焊接前准备

1. 装配间隙

装配间隙必须尽可能小,因为靠压力消除间隙将消耗一部分电极压力,使实际的焊接压力降低。间隙的不均匀性又将使焊接压力波动,从而引起个焊点强度的显著差异,过大的间隙还会引起严重飞溅,许用间隙值取决于工件刚度和厚度,刚度、厚度越大,许用间隙越小,通常为0.1 ~ 2mm。接头的最小搭接量参考值见表2-1-4。

接头的最小搭接量参考值(单位:mm)　　　　　　表2-1-4

最薄板件厚度	单排焊点的最小搭接量			双排焊点的最小搭接量		
	结构钢	不锈钢或高合金钢	轻合金	结构钢	不锈钢或高合金钢	轻合金
0.5	8	6	12	16	14	22
0.8	9	7	12	18	16	22
1.0	10	8	14	20	18	24
1.2	11	9	14	22	20	26
1.5	12	10	16	24	22	30
2.0	14	12	20	28	26	34
2.5	16	14	24	32	30	40
3.0	18	16	26	36	34	46
3.5	20	18	28	40	38	48
4.0	22	20	30	42	40	50

2. 电阻焊前的工件清理

无论是点焊、缝焊或凸焊,在焊前必须进行工件表面清理,以保证接头质量稳定。清理方法分机械清理和化学清理两种。常用的机械清理方法有喷砂、喷丸、抛光以及用纱布或钢丝刷等。不同的金属和合金,需采用不同的清理方法。

（1）铝及其合金。

铝及其合金对表面清理的要求十分严格,由于铝对氧的化学亲和力极强,刚清理过的表面会很快会被氧化,形成氧化铝薄膜。因此,清理后的表面在焊前允许保持的时间是严格限制的。

铝合金氧化膜主要用以化学方法去除,在碱溶液中去油和冲洗后,将工件放进正磷酸溶液中腐蚀。为了减缓新膜的成长速度和填充新膜孔隙,腐蚀的同时进行纯化处理。最常用的纯化剂是重铬酸钾和重铬酸钠,纯化处理不会在除氧化膜的同时造成工件表面的过分腐蚀。腐蚀后进行冲洗,然后在硝酸溶液中进行亮化处理,然后再次进行冲洗。冲洗后在温度达 75℃ 的干燥室中干燥,或用热空气吹干。这样清理后的工件,可以在焊前保持 72h。

铝合金也可用机械方法清理,如用 0 - 00 号纱布,或用电动或风动的钢丝刷等。但为防止损伤工件表面、钢丝直径不得超过 0.2mm,钢丝长度不得短于 40mm,刷子压紧于工件的力不得超过 15 ~ 20N,而且清理后须在不晚于 2 ~ 3h 内进行焊接。

(2)镁合金。

镁合金一般使用化学清理,经腐蚀后再在铬酐溶液中纯化。这样处理后,会在表面形成薄而致密的氧化膜,它具有稳定的电气性能,可以保持 10 昼夜或更长时间,性能仍几乎不变。镁合金也可以用钢丝刷清理。

(3)铜合金。

铜合金可以通过在硝酸及盐酸中处理,然后进行中和并清除焊接处残留物。

(4)钛合金。

钛合金的氧化皮,可在盐酸、硝酸及磷酸钠的混合溶液中进行深度腐蚀加以去除。也可以用钢丝刷或喷丸处理。

(5)钢。

不锈钢电阻焊时,保持工件表面的高度清洁十分重要,因为油、尘土、油漆的存在,能增加硫脆化的可能,从而使接头产生缺陷。可用激光、喷丸、钢丝刷或化学腐蚀清理。对于特别重要的工件,有时用电解抛光,但这种方法复杂而且生产率低。

低碳钢和低合金钢在大气中的抗腐蚀能力较弱。因之,这些金属在运输、存放和加工过程中常用抗蚀油保护。如果涂油表面未被车间的脏物或其他不良导电材料所污染,在电极的压力下,油膜很容易被挤开,不会影响接头质量。

钢的供货状态有:热轧,不酸洗;热轧,酸洗并涂油;冷轧。未酸洗的热轧钢焊接时,必须用喷砂、喷丸,或者用化学腐蚀的方法清除氧化皮,可在硫酸及盐酸溶液中,或者在以磷酸为主但含有硫脲的溶液中进行腐蚀,后一种成分可有效地同时进行涂油和腐蚀。

有镀层的钢板(除了少数例外),一般不用特殊清理就可以进行焊接,镀铝钢板则需要用钢丝刷或化学腐蚀清理。带有磷酸盐涂层的钢板,其表面电阻会高到在低电极压力下,焊接电流无法通过的程度。只有采用较高的压力才能进行焊接。

任务二　工业机器人点焊站系统组成

 任务目标

1.知识目标

(1)熟悉工业机器人点焊站系统组成;

(2)了解组成设备的基本功能。

2. 教学重点

工业机器人点焊站系统组成及设备的主要功能。

 任务知识

工业机器人点焊工作站是利用工业机器人结合点焊工艺的焊接加工系统,点焊工作站系统总体结构如图2-1-6所示,主要由点焊机器人、焊钳、控制器、修磨器、冷水机和焊接工装等设备组成。

图2-1-6　工业机器人点焊工作站系统组成
①-修磨器;②-焊钳;③-点焊机器人;④-冷水机;⑤-焊钳控制器

1. 点焊机器人本体

点焊机器人本体也称机械手,是工业机器人的机械主体,也是点焊工作站的核心部件,其主要任务是夹持电极头执行焊接运动。机械手一般由互相连接的机械臂、驱动与传动装置以及各种内外部传感器组成。工作时通过末端执行器实现机器人对工作范围内的动作,各轴的运动通过伺服电机驱动减速器与机械手的各部件运动。图2-1-7所示为本弧焊工作站使用的 KUKA KR210 R2700点焊机器人。

KUKA KR210点焊机器人技术参数如表2-1-5所示。

图2-1-7　KR210 R2700 机器人

KR210 点焊机器人技术参数　　表2-1-5

参 数 名 称	参 数 值	参 数 名 称	参 数 值
轴数	6 轴	负载	210kg
工作范围	2700mm	重复定位精度	±0.06mm
防护等级	IP54	本体质量	1078kg

2. 焊钳

焊钳是点焊机器人焊接的执行机构,是点焊工作站的核心设备。焊钳按照结构分为X型焊钳和C型焊钳,按照电极驱动装置不同分为气动和伺服焊钳,本弧焊工作站采用的是小原C型伺服焊钳。

焊钳的结构如图2-1-8所示,分为焊臂、焊接变压器、焊钳支架、电极驱动装置及电气接线盒等装置。其中,焊接变压器提供点焊时的电流,电极驱动装置采用伺服电机提供焊接时的电极压力。

图2-1-8 小原伺服焊钳

①-电气接线盒;②-电极驱动装置;③-支架;④-焊接变压器;⑤-浮动装置;⑥-焊臂

3. 点焊机控制器

点焊机控制器是控制焊接的电流、通电时间及电极压力等参数,本弧焊工作站采用的小原控制器OBARA/STN21,由控制箱和TIMER控制盒组成(图2-1-9)。在焊接中,根据焊接材料的工艺参数,通过TIMER控制盒人机交互界面设置焊接工艺参数(电流、时间和压力),在焊接过程中输出热量,实现焊接。

a)控制箱　　　　　　　　b)TIMER控制盒

图2-1-9 小原焊钳控制器

4. 修磨器

在焊接过程中,电流过大、通电时间过长或猛烈撞击,可能造成焊接电极头的磨损或变形,使焊接时的电极压力值不准确、焊接电阻发生变化,焊接热量出现偏差,影响晶核形成和点焊焊接质量,因此需要使用修磨器对电极的工作面进行修正,修正后的焊钳需经过压力测试后方可实施焊接。

本弧焊工作站采用的小原电极修磨器,型号为 OBARA/JC – ATD,主要由修磨本体、控制箱、标准刀片和刀架、吹气装置等四部分组成,如图2-1-10所示。其工作原理是:将修磨的电极头移动到标准刀片两侧(修磨工作位),将上下两极夹紧,使上下电极同时接触到修磨器的双面刀片,转动刀片切削电极头不平整部位,同时打开吹气装置,将切削产生的金属屑吹到托盘中,修磨器的刀片转动一定转数后,将上下电极端头切削出与刀片形状一致的端面。修磨本体采用浮动装置,吸收焊钳的负荷。

5. 冷水机

点焊设备在焊接过程中发热量大,为了保证焊接设备良好运转和焊接质量、维护焊接系统的稳定性,循环冷却水起到至关重要的作用。本弧焊工作站采用 LS302FB 冷水机(图2-1-11),采用热交换原理,通过循环水,快速带走焊接中产生的大量热,特别是焊钳部分,以保证焊接时的系统温度维持在许可范围之内,起到保护焊接系统的作用。

冷水机的进、回水管分别用绿色和红色管子区分,代表冷水和热水循环回路。

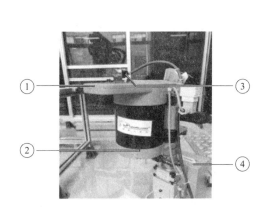

图2-1-10 小原电极修磨器　　　　图2-1-11 冷水机本体

①-刀片和刀架;②-修磨机本体;③-吹气装置;

④-控制箱

课后习题

一、填空题

(1)点焊过程可分为四个阶段,即_____、_____、_____、_____。

(2)点焊金属结晶包括_____和_____两个基本过程。

(3)焊钳按照结构分为_____和_____,按照电极驱动装置不同分为_____和_____。

(4)修磨器主要由_____、_____、_____、_____四部分组成。

二、简答题

(1)简述点焊的基本工作原理。

（2）简述铜合金和钛合金的工件清理方法。

（3）工业机器人点焊站的基本组成。

（4）修磨器的工作原理。

项目小结

本项目包括两个学习任务。第一个任务主要讲述点焊分类、工作原理、工艺参数及工件准备和清理，使学生可以初步了解点焊的工作原理、结晶形成过程、点焊过程四个阶段、重要的点焊工艺参数，了解不同材料工件清理方法，为后续的焊接奠定理论知识基础。第二个任务主要讲述工业机器人点焊站系统的组成及组成设备主要功能，学生主要了解工业机器人点焊站基本设备组成、设备参数及功能、设备选型，培养工业机器人点焊站系统集成的策划思路，为工作站系统集成奠定基础。

项目二 点焊工作站系统配置及压力校准

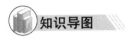 知识导图

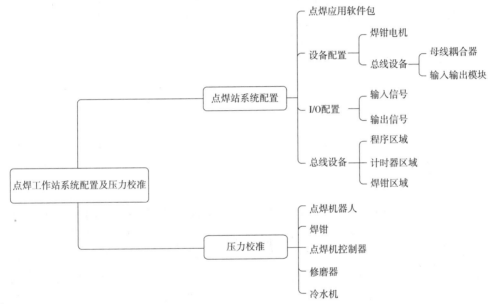

项目导入

为了实现在机器人端直接控制焊接电源、冷却设备的动作,KUKA 点焊机器人控制系统中安装了点焊工艺包,内置了焊接过程的控制程序,定义了标准的焊接指令联机表单,以方便与焊机系统的数据交互。点焊工艺包相当于集成了许多焊接专用功能的工具箱,为操作者提供灵活的标准操作工具。基于点焊工艺包的支持,操作者可以实现在示教器上自行定义焊接参数(包括电极压力、工件厚度、厚度公差等)及信号参数,并将参数传输到机器人系统,灵活控制焊接过程。

学习目标

1. 知识目标

(1) 熟悉软件包功能;

(2) 掌握焊接控制系统配置方法;

(3) 掌握利用测力计测试电极压力方法。

2.情感目标

（1）理实结合、激发学习兴趣；

（2）分组练习，培养规范操作能力，养成团结协作精神。

任务一　点焊工作站系统配置

任务目标

1.知识目标

（1）熟悉 ServoGun TC 应用软件包功能；

（2）掌握在 WorkVisual 中进行系统配置。

2.教学重点

（1）ServoGun 编辑器操作；

（2）在 WorkVisual 中系统配置。

任务知识

一、点焊应用软件包功能概述

ServoGun TC 是 KUKA 公司提供的一套可后续加载的应用程序包，用于力矩控制的电动点焊。使用之前，需要在 WorkVisual 和 KR C 控制柜中预先安装该辅助软件包。

ServoGun TC 是控制电动点焊的专用软件包，具备配置焊钳电机、控制 I/O、电极初始化及点焊指令编程等功能，将点焊控制的各项功能集成在应用软件平台上，可简化操作流程，集中管理，方便配置和操作。该软件主要具备以下一些功能：

（1）通过恒速运动和电机力矩限制，按联机表单参数加载焊钳作用力。

（2）控制多达 6 个电动焊钳。

（3）Dual－Force 模式：可在一点设定开始焊接作用力，以另外作用力结束。

（4）可在 T1 和 T2 模式下进行焊钳作用力校准。

（5）可从焊接计时器得到或在联机表单中设定：焊钳作用力、工件厚度及厚度公差。

（6）用于固定焊钳的"后台"模式。

（7）工件位置变化的半自动修正（ASA）。

（8）可设定在所有运行模式下焊接，也可取消在 T1 下焊接。

在点焊过程中有三大焊接参数，焊接电流、接通时间由计时控制器来控制，而焊钳压力由 ServoGun TC 来控制，因此 ServoGun 核心功能是调节作用力。ServoGun 按照恒速运动最大转速成线性比例调整作用力，即按照设定作用力成比例调节行驶速度，作用力越大，则转速越高，加载压力的时间取决于焊钳挠度和目标作用力。作用力和转速比例如图 2-2-1 所示。

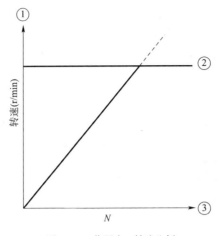

图 2-2-1 作用力—转速比例
①-转速;②-最大转速;③-作用力

二、WorkVisual 中配置

为了实现机器人对点焊过程的控制,在焊接之前,需要对设备、输入输出端及 ServoGun 选项进行配置,配置完成后将项目下载到机器人控制系统激活使用。点焊在 WorkVisual 中的配置内容及流程如图 2-2-2 所示。

图 2-2-2 WorkVisual 中配置流程

1. 设备配置

点焊工作站配置的设备主要包括总线设备和焊钳电机,其中总线设备是实现机器人控制系统对点焊机及修磨器的控制,采用了母线耦合器 EK1100、16 位数字输入模块 EL1809、16 位数字输出模块 EL2809,而焊钳电机是控制机器人附加轴 E1。点焊工作站配置设备清单见表 2-2-1。

点焊站设备配置清单　　　　　　　　　　表 2-2-1

序 号	设备名称	规 格	说 明
1	焊钳电机	H_KSP40_400V_V1	附加轴 E1
2	母线耦合器	EK1100	外部 I/O 模块连接器
3	16 通道数字输入模块	EL1809	倍福 16 位数字输入
4	16 通道数字输出模块	EL2809	倍福 16 位数字输出

注:在 WorkVisual 中配置设备,参见本书相关任务中的操作。

点焊站总线设备如图 2-2-3 所示。

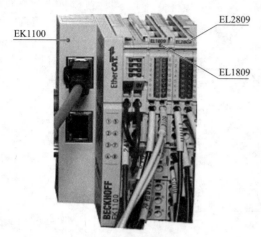

EL2809

EK1100

EL1809

图 2-2-3　点焊站总线设备

2. I/O 配置

（1）输入输出信号及总线地址。

首先将总线设备 EL1809、EL2809 与机器人总线连接，分配总线地址，地址分别为 200～215 的 16 位的地址。总线连接参见任务 2.3 中的方法。

焊接控制系统通过 I/O 信号配置，对焊接过程中焊接开始、焊接复位、焊接完成、焊接温度等信号进行控制和监控。

①数字量输入信号。

数字量输入信号的作用是监测焊机和周边辅助设备的运行状态，并将相关监测信号作为系统运行的控制条件。本弧焊工作站数字量输入信号见表 2-2-2。

数字量输入信号　　　　　　　　　　　　　　　　　表 2-2-2

序　号	信 号 名 称	来自设备	信号型号	总线设备	总线地址
1	焊接错误（Weld Error）	计时器	1 位		202
2	焊接完成（Weld Complete）	计时器	1 位	EL1809	203
3	温　度（Temperature）	计时器	1 位		204

②数字量输出信号。

数字量输出信号主要是控制计时器和周边设备（修磨器）的运行，如表 2-2-3 所示。

数字量输出信号　　　　　　　　　　　　　　　　　表 2-2-3

序　号	信 号 名 称	来自设备	信号型号	总线设备	总线地址
1	程序号（Program Number）	计时器	3 位		200～203
2	焊接开始（Weld Start）	计时器	1 位		204
3	错误复位（Error Reset）	计时器	1 位	EL2809	206
4	修磨开始	修磨器	1 位		208
5	吹气	修磨器			

注：1. 英文名称是在 ServoGun 编辑器中设置的。

2. 修磨开始和吹气采用同一个总线地址控制。

3. 计时器的地址由机器人和计时器端子实际接线确定。

（2）在 ServoGun 编辑器中配置输入输出端。

在 ServoGun 编辑器中配置输入输出端，是为了将设备分配的总线地址与焊接相关功能连接在一起，实现对计时器的控制。配置流程如下：

①单击设备导航器中的焊钳"H_KSP40_400V_V1"，然后选择菜单"编辑器 > 备选软件包 > ServoGun 编辑器"，如图 2-2-4 所示。

注：若不选择焊钳，可能无法进入 ServoGun 编辑器。

ServoGun 编辑器主界面如图 2-2-5 所示，编辑器有七个选项卡，可以实现不同功能。

图 2-2-4 ServoGun 编辑器菜单

图 2-2-5 ServoGun 编辑器

Import/Export-导入/导出配置卡钳配置文件;I/Os PLC-PLC 控制的 I/O 配置窗口;I/Os Weld timer-计时器控制的 I/O 配置窗口;ALL-显示所有的配置文件;Weld timer-焊接参数区域,设定焊接参数(电极压力、通电时间等)的来源;Program-程序区域,设定点焊的程序号;Gun-焊钳区域,设置卡钳相关参数

②焊接信号是机器人通过扩展 I/O 实现控制的,因此在 ServoGun 编辑器中选择"I/Os Weld timer"选项卡,按照表 6-2 和表 6-3 所示输入 I/O 信号总线地址,配置机器人控制系统与计时器之间的 I/O 信号,如图 2-2-6 所示。

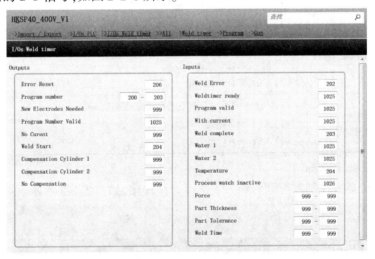

图 2-2-6 计时器输入输出端口配置

3. ServoGun 选项配置

ServoGun 编辑器中的选项主要包括计时器区域、程序区域及焊钳区域,配置时选择需设

置的选项卡,进入编辑窗口,按要求进行设置。

(1)焊接计时器区域(Weldtimer)。

如图2-2-7所示,焊接计时器区域为焊接作用力、板厚、板厚公差及焊接时间等参数指定数据来源,如选中参数复选框后,则表示选中参数将由焊接计时器设定,反之则表示选定参数将由机器人联机表单设定。本弧焊工作站设置参数为来自联机表单,因此复选框不做任何选择。

HKSP40_400V_V1

->Import / Export ->I/Os PLC ->I/Os Weld timer >>All ->Weld timer ->Program ->Gun

Weld timer

☐ Force from timer
☐ Thickness from timer
☐ Thickness tolerance from timer
☐ Time from timer

图2-2-7　焊接计时器区域

其中参数功能如表2-2-4所示。

焊接计时器区域功能　　　　　　　　　　　　　　　　　　表2-2-4

参　数	说　明
Force from timer (来自计时器的力值)	机器人控制系统应从何处得到卡钳闭合力的数值? (1)选中:来自焊接计时器; (2)未选:针对常规焊机和修磨,来自联机表单
Thickness from timer (来自计时器的板厚度)	机器人控制系统应从何处得到下列数据? 焊接:待焊工件的总厚度; 修磨:铣刀厚度; 来源: (1)选中:来自焊接计时器; (2)未选:来自联机表单
Thickness tolerance from timer (来自计时器的板厚公差)	机器人控制系统应从何处得到厚度允许的偏差值? (1)选中:来自焊接计时器; (2)未选:来自联机表单
Time from timer (来自计时器的焊接时间)	机器人控制系统应从何处得到焊接时间值(ms)? (1)选中:来自焊接计时器; (2)未选:来自联机表单

(2)程序区域(Program)。

此处设定机器人控制系统以何种方式选择焊接程序,如图2-2-8所示。

HKSP40_400V_V1

->Import / Export ->I/Os PLC ->I/Os Weld timer >>All ->Weld timer ->Program ->Gun

Program

○ Point name　Digit number　1 ▾
● Program number

图2-2-8　程序区域

其中参数功能如表2-2-5所示。

程 序 区 域 功 能   表2-2-5

参　数	说　明
Point name （点的名称）	通过焊点名称选择焊接程序
Digit number （焊点数量）	(1)仅当选择了"点的名称"后此栏才能激活； (2)用户在机器人控制系统的焊接点和修磨点联机表单中设定点名称,名称的最后 x 位必须是数字；机器人控制系统将此位数作为程序编号告知焊接计时器； (3)可设置1～10
Program number （程序号）	用户在联机表单中通过设置一个号码来选择焊接程序

（3）焊钳区域。

焊钳区域主要设置焊接时焊钳的一些基本参数,包括作业方向、焊钳类型等,如图2-2-9所示。

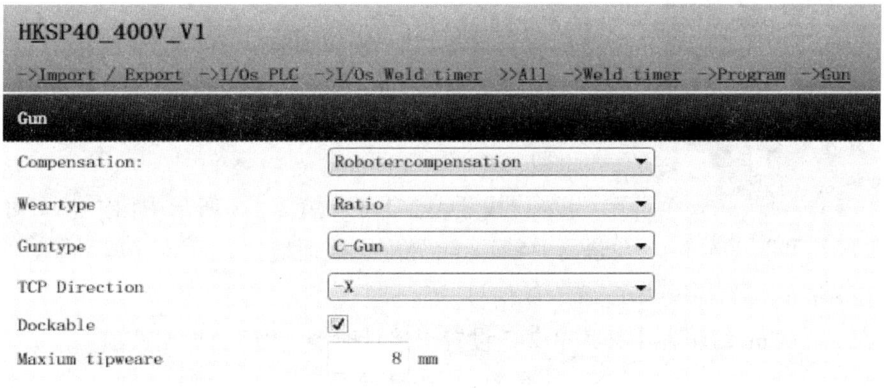

图2-2-9　焊钳区域

其中参数功能如表2-2-6所示。

程 序 区 域 功 能   表2-2-6

参　数	说　明
Compensation （补偿）	补偿方式： (1)气动:卡钳位置将以气动方式修正； (2)机器人补偿:卡钳位置将通过机器人的补偿运动进行修正
Weartype （烧损确定）	如何测定电极烧损的方式？ (1)以 % 为单位的比例:将测定总烧损量；机器人控制系统按固定比例将两个电极与烧损量相对应（默认:50:50）； (2)单独测量:将测定总烧损量, 之后将测定可移动电极的烧损量,从差额中得出固定电极的烧损量；仅可与机器人补偿组合
Guntype （焊钳类型）	X-GUN； C-GUN

续上表

参　数	说　明
TCP Direction （TCP 作业方向）	此处必须给出刀具（TCP）的作业方向：$-X$（默认）、$-Y$、$-Z$、$+X$、$+Y$、$+Z$，选择 X、Y 还是 Z，则取决于 \$TOOL_DIRECTION 的值； 须选择正向还是负向，则取决于作业方向：正向表示朝固定电极的方向，负向则相反；选择正向；负向表示朝固定电极的方向，正向则相反；选择负向
Dockable （可耦合）	若要靠上（耦合）／脱开（解耦）卡钳时，则必须选择此项
Maxium tipweare （最高烧损）	电极头烧损的最大允许数值（两个电极总计）： 设置范围为 0～20 mm

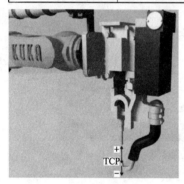

图 2-2-10　TCP 方向示意

焊钳 TCP 按图 2-2-10 所示确定刀具作业方向设定：

（1）正向表示固定电极的方向。

（2）负向表示固定电极的反方向。

任务实施——WorkVisual中配置点焊站

1. 任务要求

（1）在 WorkVisual 中上传项目，按表 2-2-1 添加设备焊钳电机、EK1100、EL1809 及 EL2809。

（2）按照表 2-2-2 和表 2-2-3 所示，对 EL1809 和 EL2809 进行总线连接，分配总线地址。

（3）在 ServoGun 编辑器中配置 I/O 信号。

（4）在 ServoGun 编辑器中按表 2-2-7 设置焊接计时器、程序及焊钳选项。

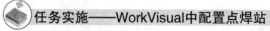

焊 接 选 项 参 数　　　　　　　　　　　　　　　　表 2-2-7

参　数	设　定　值	选 项 类 型
Force、Thickness、tolerance、time	不激活	Weld timer
Program	激活	Program
Compensation	Robotercompensation	GUN
Weartype	Ratio	
Guntype	C－GUN	
TCP Direction	－X	
Dockable	激活	
Maxium tipweare	8mm	

（5）将配置完成的项目下载到机器人控制系统。

2. 任务实施

（1）打开 WorkVisual，激活项目，并在项目中添加焊接电机、EK1100、EL1809、EL2809 等

设备(图2-2-11)。

(2)对数字输入 EL1809 进行总线连接,总线地址为 200~215(图2-2-12)。

图 2-2-11 操作步骤(1)　　　　　　　　　　图 2-2-12 操作步骤(2)

(3)对数字输出 EL2809 进行总线连接,总线地址为 200~215(图2-2-13)。

(4)将卡钳与机器人本体相连,选择"将 H_KSP40_400V_V1 挂在 KR210 R2700 extra 的凸缘上"(图2-2-14)。

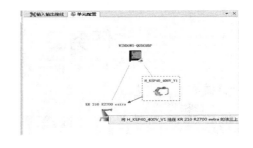

图 2-2-13 操作步骤(3)　　　　　　　　　　图 2-2-14 操作步骤(4)

(5)完成焊钳电机的连接(图2-2-15)。

(6)选择菜单"编辑器 > 备选软件包 >ServoGun 编辑器",按照表 2-2-2 和表 2-2-3 的 I/O 地址,在"I/Os Weld timer"选项卡中,设置输入输出端口(图2-2-16)。

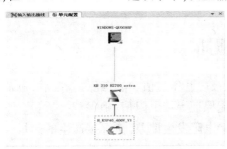

图 2-2-15 操作步骤(5)　　　　　　　　　　图 2-2-16 操作步骤(6)

(7)按照表 2-2-7 参数表,设置"Weld timer"参数(图2-2-17)。

（8）按照表2-2-7参数表，设置"Program"参数（图2-2-18）。

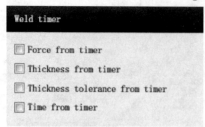

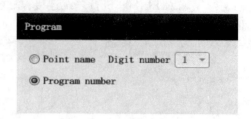

图2-2-17 操作步骤(7)　　　　　　　　　图2-2-18 操作步骤(8)

（9）按照表2-2-7参数表，设置"Gun"参数（图2-2-19）。

（10）下载项目到机器人控制系统中，激活项目（图2-2-20）。

图2-2-19 操作步骤(9)　　　　　　　　　图2-2-20 操作步骤(10)

任务二　压力校准

任务目标

1.知识目标

（1）熟悉手动校准卡钳方法；

（2）熟悉测定卡钳传动比；

（3）掌握卡钳作用力校准方法。

2.教学重点

5P法校准压力的方法。

任务知识

一、压力校准概述

图2-2-21 压力测试计

焊接前必须校准电极之间压力值，只有经过校准后，机器人才能准确输出压力值，才能保证焊接电阻值，确保焊接质量。不准确的压力值，可能造成焊接电阻发生偏差，使焊接产生的热量大于或小于预期值，影响工件熔池的形成，造成焊接缺陷。在压力校准中常使用压力测试计进行校准，如图2-2-21所示。

压力值校准的基本流程：压力校准前，需要手动校准卡钳（校准零点)和测定卡钳传动比,然后根据校准方法,利用压力测试计进行准确校准。

二、手动校准卡钳

在卡钳投入运行(首次校准)、更换卡钳部件之后及丢失校准数据时,必须手动校准卡钳,确定电极零点位置,为后续压力校准提供基础数值。手动校准卡钳需在 T1 运行模式下进行,其步骤如下:

(1)手动操作卡钳闭合,直到电极稍微接触。

(2)在示教器主菜单选择"投入运行 > 调整 > 千分表",打开校准窗口。

(3)在窗口中标出要校准的附加轴,按下"校正"键,该轴从窗口自动消失。

(4)关闭窗口,校准完毕。

注:闭合卡钳时,不可加载作用力,否则可能损坏卡钳。

三、测定卡钳传动比

当手动校准卡钳完成后,在进行压力校准之前,需要测定卡钳传动比,即卡钳驱动电机转 1 圈时卡钳的开口宽度变化,使机器人控制系统能够准确计算卡钳的开口宽度,保证压力值的准确度。卡钳传动比测量必须在 T1 模式下进行,其步骤如下:

(1)卡钳闭合无作用力加载。

(2)在示教器主菜单选择"显示 > 实际位置",显示当前 TCP 笛卡尔实际坐标值。

(3)点击"与轴相关的"选项,卡钳位置当前角度为 0°。

(4)手动打开卡钳,直到卡钳角度显示数值 360°。

(5)测量电极之间的间距,将数值填到"配置 > Servo Gun Torque Control > 焊钳参数"配置页的"焊钳传动比"栏中并保存。

四、压力校准

1. 压力校准的常用方法

在 KSS 系统中,设计了三种压力校准的方法,即 5P、DualForce、2P 法,不同的校准方法应用范围不一样,其应用范围如表 2-2-8 所示。

压 力 校 准 方 法

表 2-2-8

校 准 方 法	应 用 范 围
5P	(1)卡钳首次校准; (2)可用于再次校准,如当卡钳受损须重新校准时
DualForce	(1)编程使用 DualForce 指令前,进行首次校准; (2)再次校准:当使用 DualForce 指令时,若卡钳进行了 5P 再次校准,则之后还需再进行一次 DualForce 校准。 注意:DualForce 校准必须在 5P 校准之后进行
2P	(1)再次校准;2P 再次校准比 5P 要快

2.5P 校准法

5P 校准是通过压力测试计测量 5 个点的压力值,综合考虑扰度、开口宽度等因素,为机器人控制焊钳建立一个准确的压力值曲线。在三种校准方法中,5P 校准是基础,校准过程较复杂,本任务以 5P 校准为例,讲解校准过程。

(1)5P 校准测量原理。

5P 校准法有四个步骤,初始化参数后,分别执行存放于路径"R1/Program/Calibration"的三个标定程序,实现粗校准、精校准及检测功能,校准流程如图 2-2-22 所示。

图 2-2-22　5P 校准流程图

①初始化(图 2-2-23)。

A. 在示教器"焊钳参数"配置页面输入测力计厚度及初始力等参数值。

B. 在示教器"标准 5P"配置页"电机扭矩 1 ~ 5"($M_1 \sim M_5$)输入预设力矩值。

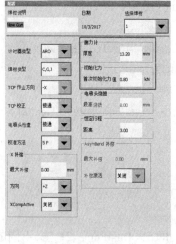

a)厚度及初始力　　　　　　b)电机力矩

图 2-2-23　预设初始值

②执行 EG_1_Cal 程序。

该程序基于预先定义的电机力矩数值 $M_1 \sim M_5$,闭合卡钳,利用测力计得到作用力,测出 2 条特征曲线(图 2-2-24)。

a."力矩—作用力"特征曲线。

b."作用力—卡钳挠度"特征曲线。

③用 EG_2_Recal 进行精校准。

程序 EG_2_Recal 如 EG_1_Cal 一样执行 5 次同样的测量,但卡钳会以恒定速度闭合,测量特征曲线。

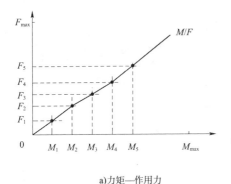

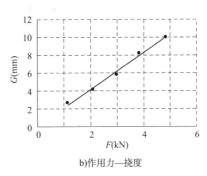

a)力矩—作用力　　　　　　　　b)作用力—挠度

图 2-2-24　特征曲线

M_{max}-最大电机力矩；$M_1 \sim M_5$-预先定义电机力矩；$F_1 \sim F_5$-测力计测得作用力；F_{max}-最大的闭合力；G-卡钳挠度

④用 EG_3_Force 进行作用力测试。

该程序检查和修正力矩—作用力—特征曲线，在卡钳中放入测力计，用户选择卡钳应以何种作用力闭合，根据预设值和测量值的比较，检查校准压力的准确性。

（2）5P 校准测量步骤。

①初始化校准参数。

a. 选择主菜单"配置 > ServoGun TC > 配置"，测量测力计的厚度，在窗口中输入厚度及初始化力（首次初始化力值中输入初始值），如图 2-2-25 所示。

图 2-2-25　配置初始化参数

b. 选择"配置 > ServoGun TC > 校准 5P"，将窗口中的初始力 1 ~ 5 数值设置为 0，预设电机扭矩 1 ~ 5 分别为 0.7、1.4、2.1、2.8、3.5（kN），如图 2-2-26 所示。

②粗校准。

a. 选择路径"R1/Program/Calibration"，选定并运行标定程序 eg_1_cal，如图 2-2-27 所示。其中语句功能为：

语句 6：预热/检测测力计厚度。

语句 7：执行预设的电机输出力矩。

b. 弹出对话框提示"加热？"，选择"否"，然后提示"测定测力计的厚度"，选择"是"，如图 2-2-28 所示。

图 2-2-26 初始化力数值

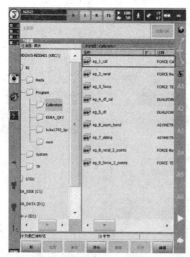

图 2-2-27 运行 eg_1_cal 程序

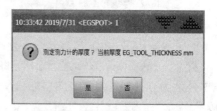

图 2-2-28 选择加热和确认厚度

c. 根据运行程序,机器人重新自动测量测力计的厚度,此时选择 VALUE1,即使用重新测量的值,如图 2-2-29 所示。

d. 按照预设的电机扭矩值,测量 5 次,并记录测力计相应值,如图 2-2-30 所示。

e. 将记录值重新在"校准 5P"中"力 1~5"栏内填写,单击"计算",如图 2-2-31 所示。

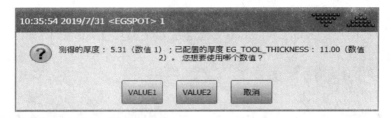

图 2-2-29 选择厚度值

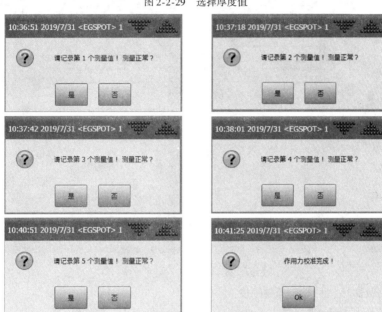

图 2-2-30 5 次测量值

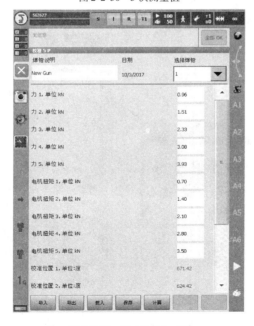

图 2-2-31 输入"力 1~5"

③精校准。

a. 选择路径"R1/Program/Calibration",选定并运行 eg_2_recal 程序,如图 2-2-32 所示。其中语句功能为:

语句:预热/检测测力计厚度。

语句:执行预设的电机输出力矩。

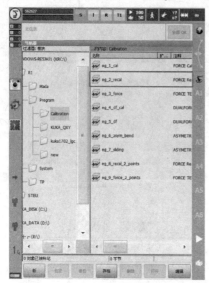

图 2-2-32　运行 eg_2_recal 程序

b. 选择无需加热,且重新测量厚度。

c. 重新放入测力计,进行测量,如图 2-2-33 所示。

d. 同粗校准一样,测量 5 个点值,记录测力计的相应值。

e. 在校准 5P 中修改并保存,如图 2-2-34 所示。

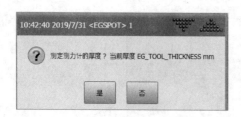

图 2-2-33　重新测定测力计厚度

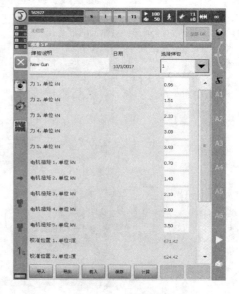

图 2-2-34　保存数据

④检测。

a.选择路径"R1/Program/Calibration",选定并运行标准程序 eg_3_force,如图 2-2-35 所示。其中语句功能为:

语句行6:预热/检测测力计厚度。

语句行7:选择施加压力。

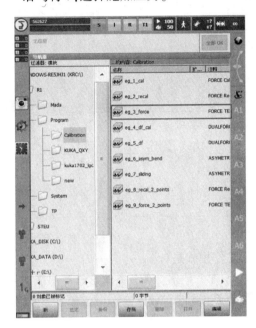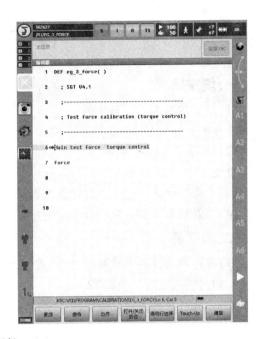

图 2-2-35　运行 eg_3_force

b.选择无需加热,且重新测量厚度。

c.信息"输入作用力,放置测力计并按下启动键",任意选择一个压力进行测试,如图 2-2-36 所示。

图 2-2-36　选择测试压力

d.卡钳闭合,用测力计测试实际加载的作用力。

 **任务实施——5P校准**

1.任务要求

(1)手动校准卡钳。

(2)测定卡钳传动比,并将测试结果填入"焊钳参数"配置页。

(3)按照5P法校准压力:

①设定电机力矩 1~5 的值分别为 1、2.5、4、5.5、7(kN)。

②设定力初始值为 0。

③分别运行 eg_1_Cal、eg_2_Recal、eg_3_force 三个标准程序,完成粗校准、精校准及压力检测。

2.任务操作

按照任务知识模块中的一~四的步骤进行操作。

课 后 习 题

一、填空题

(1)压力校准的三种方法为_____、_____和_____,其中_____为卡钳首次校准的方法。

(2)5P 法压力校准中 eg_1_Cal 实现的是_____功能,测定_____和_____两条特征曲线。

(3)点焊机器人可控制的焊钳最大数量为_____个。

(4)点焊机器人的点焊机选项配置主要包括_____、_____和_____三个区域。

二、选择题

(1)执行焊钳作用力校准时,机器人可选用的工作模式是(　　)。

A. T1　　　　　　　　B. T2　　　　　　　　C. AUT　　　　　　　　D. EXT – AUT

(2)为实现机器人对点焊机的控制,焊接前需对系统进行 WorkVisual 配置,主要配置内容为(　　)。

A. 设备配置　　　　B. I/O 配置　　　　C. 选项配置　　　　D. 焊接工艺配置

三、判断题

(1)手动校准焊钳需要加载一定的作用力。　　　　　　　　　　　　　　　(　　)

(2)卡钳传动比是卡钳电机转动 1 圈时,电极之间距离的变化值。　　　　(　　)

(3)焊钳 TCP 方向设置为 – X 时,表示 TCP 朝向固定电极方向为负。　　(　　)

四、简答题

5P 校准压力的操作流程有哪些?

项 目 小 结

本项目主要包括两个学习任务。第一个任务讲述工业机器人点焊站系统配置,学生需了解 ServoGun TC 应用软件包功能,学习在 WorkVisual 中进行点焊站的设备、I/O 及焊钳配置,掌握 ServoGun 编辑器的基本操作,培养工业机器人点焊站系统集成的软件配置能力,为工作站焊接工艺实施奠定基础。第二个任务主要侧重于实际操作训练,重点训练工业机器人点焊站压力校准过程,使学生了解手动校准焊钳、测定焊钳传动比等内容,了解压力校准的基本方法,掌握 5P 校准的基本流程,培养学生具备工业机器人点焊站压力校准的技能。

项目三 电极修磨

知识导图

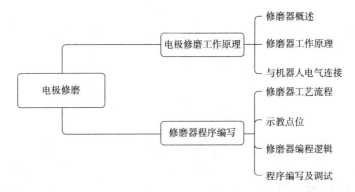

项目导入

在焊接过程中,电极形状、冷却条件、钢材、涂层可能会造成焊接电极头的磨损或变形,为了保证输出稳定的预设焊接电流值,需要清洁电极表面,保持电极良好的焊接条件。修磨器专门用于修理电极工作面,通过修磨器上成型刀片的旋转,切削电极工作面,清理电极表面。

本项目主要内容包括修磨器的工作原理、电气接线、端口分配及修磨编程。

学习目标

1. 知识目标

(1)熟悉电极修磨的主要工作原理;

(2)掌握电极修磨 I/O 分配及接线;

(3)掌握修磨功能编程。

2. 情感目标

(1)理实结合、激发学习兴趣;

(2)分组练习,培养规范操作能力,养成团结协作精神。

任务一　电极修磨工作原理

任务目标

1. 知识目标

(1)熟悉电极修磨的工作原理;

（2）电极修磨机的电气接线。

2. 教学重点

电极修磨器的工作原理及接线。

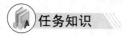 任务知识

一、修磨器概述

工业机器人焊钳电极经过长时间焊接后，可能造成电极覆盖合金、电极变形、电极工作面不平整等问题，造成焊接质量无法保证，因此需要修磨机对焊钳电极工作面进行清理。电极修磨的主要功能如下（修磨前后对比如图2-3-1所示）：

（1）修磨能保证电极头一定的形状，保证焊接点的美观。

（2）使焊接时待焊件受到的压力稳定，保证电流作用在焊接点的范围内，确保焊接质量。

（3）防止假焊。焊接时候的高温容易使铜氧化，产生氧化铜，不利于导电，容易假焊。

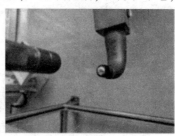

a)修磨前　　　　　　　　　　　　　　b)修磨后

图2-3-1　电极修磨前后的效果

二、修磨器工作原理

修磨器主要由修磨本体、控制箱、标准刀片和刀架、吹气装置等四部分组成，其工作原理是：将需要修磨的电极头移动到标准刀片两侧（修磨工作位），将上下两极夹紧，使上下电极同时接触到修磨器的双面刀片，转动刀片切屑电极头不平整部位，同时打开吹气装置，将切屑产生的金属屑吹到收屑盘中，修磨器的刀片转动一定转数后，将上下电极端头切削出与刀片形状一致的端面。

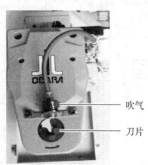

吹气

刀片

图2-3-2　修磨器刀片和吹气

三、机器人与修磨器的电气连接

修磨机主要执行刀片旋转和吹气两个动作（图2-3-2），本弧焊工作站中机器人控制修磨器是通过倍福数字输出模块 EL2809 的端口来实现的。

前已述及，已经通过 WorkVisual 对机器人控制修磨器的信号进行了配置，分配了总线地址，接线线号见表2-3-1。

机器人与修磨机的接线   表2-3-1

信号类型	修 磨 器 端		机 器 人 端	
	信号名称	端子号	I/O模块	机器人地址
DO	修磨(刀片旋转)	4	EL2809	9	208
	吹气	4		9	208

注:修磨器的刀片旋转和吹气采用了同一个信号进行控制。

机器人端接线如图2-3-3所示,修磨器端接线如图2-3-4所示。

 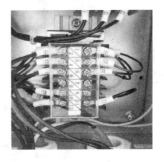

　　　　　　　　　——修磨器信号

图2-3-3　机器人端接线　　　　　图2-3-4　修磨器端接线

 任务实施——手动调试修磨机

1.任务要求

(1)将电缆分别连接机器人和修磨器。

(2)连接完成后手动调试修磨器。

2.任务操作

(1)打开修磨器控制箱,连接修磨器端电缆线(图2-3-5)。

(2)打开KUKA机器人KR C4控制柜,连接机器人端电缆线(图2-3-6)。

图2-3-5　操作步骤(1)　　　　　图2-3-6　操作步骤(2)

(3)接线完成后,用万用表检查接线的正确性,检查无误后方可上电测试。

(4)示教器主菜单选择"显示""输入/输出端""数字输入/输出端"(图2-3-7)。

(5)调试修磨功能:

选中端口208,单击"值",对端口208置位,示教器端口208绿色灯亮(图2-3-8)。

(6)调试修磨功能:当端口208为"TRUE"时,观察铰刀是否旋转、吹气电磁阀是否打开;若无动作,检查配置和线路(图2-3-9)。

(7)调试修磨后,选择端口208,并单击"值",将端口208复位,铰刀停止旋转,送气电磁阀关闭。

图2-3-7　操作步骤(4)

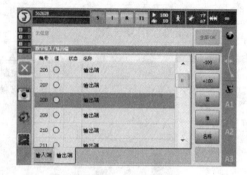

图2-3-8　操作步骤(5)

图2-3-9　操作步骤(6)

任务二　修磨器程序编写

 任务目标

1.知识目标

编写修磨器程序,实现自动修磨的功能。

2.教学重点

修磨器工艺流程和编程逻辑。

 任务知识

一、修磨器工艺流程

修磨器在执行修磨任务时,先到避让点,再到修磨点,按照修磨器的编程工艺流程图,确定修磨器的机器人示教点位,其工艺流程如图2-3-10所示。

图2-3-10　修磨器工艺流程

二、机器人示教点位

根据修磨器的工艺流程,规划修磨器的机器人示教点位,如图2-3-11所示。

图2-3-11 修磨器示教点位

三、修磨程序编程逻辑(图2-3-12)

机器人从HOME点运动到修磨避让点(P1),执行LIN指令向前到修磨器正下方的避让点(P2),然后执行向上LIN指令到修磨临近点(P3),再执行LIN指令让附加轴E1向下夹住铣刀(修磨工作点P4),到位后机器人发出"修磨启动"(PULSE 3S)(端口地址208),再等待3s后,附加轴E1向上移动,电极头移动退出修磨工位,先后运动到P3、P2和P1点,然后回到HOME点,完成修磨。

注:示教P4点时,选择附加轴E1运动,上下电极需夹紧修磨铣刀。

 任务实施——编写修磨器程序

1.任务要求

新建名为"clear"的修磨器程序,进行点位示教和程序编程,编写完成后进行调试,实现修磨器的自动运行。

2.任务操作

(1)在示教器中,新建Modul模块,模块名为"clear"(图2-3-13)。

(2)单击运动指令,添加"PTP"指令,轴速度设为50%,轨迹逼近距离为100mm,工具坐标选择"WELD-1":

PTP P1CONT VEL=50% PDAT1 TOOL[1]:WELD_1 BASE[0]。

(3)将机器人TCP移至修磨避让点,设置目标点名为"P1",单击"指令OK",保存目标点P1坐标(图2-3-14)。

(4)添加"LIN"指令,轨迹运行速度为0.2m/s,工具坐标选择"WELD-1":

LIN P2 VEL=0.2m/s CPDAT2 ADAT0 TOOL[1] BASE[0]。

(5)将机器人TCP移至修磨临近点,设置目标点名为"P2",单击"指令OK",保存目标点P2坐标(图2-3-15)。

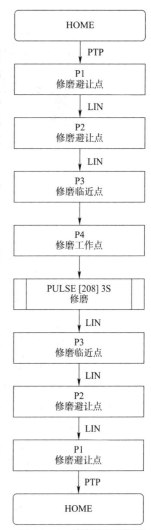

图2-3-12 修磨编程逻辑图

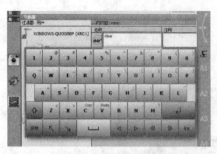

图2-3-13　操作步骤(1)　　　　　　图2-3-14　操作步骤(3)

(6)添加"LIN"指令,轨迹运行速度为0.2m/s,工具坐标选择"WELD-1":

LIN P3 VEL=0.2m/s CPDAT2 ADAT0 TOOL[1] BASE[0]。

(7)将机器人TCP移至修磨点,设置目标点名为"P3",单击"指令OK",保存目标点P3坐标(图2-3-16)。

图2-3-15　操作步骤(5)　　　　　　图2-3-16　操作步骤(7)

(8)添加"LIN"指令,轨迹运行速度为0.2m/s,工具坐标选择"WELD-1":

LIN P4 VEL=0.2m/s CPDAT2 ADAT0 TOOL[1] BASE[0]。

(9)将机器人附加轴E1向下至夹住铣刀,设置目标点名为"P4",单击"指令OK",保存目标点P4坐标(图2-3-17)。

注:要保证上下电极头处于垂直工作面的姿态(图2-3-18)。

图2-3-17　操作步骤(9)　　　　　　图2-3-18　注意事项

(10)添加切换函数PULSE,端口208输出3s的高电平,旋转铣刀,执行修磨:

PULSE 208 'clean gun' State=TRUE　Time=3sec。

(11)添加等待指令,执行3s延时,保证修磨的完成:

WAIT　Time=3 sec。

(12)添加指令实现先后退至P3、P2、P1点:

LIN P3 VEL=0.2m/s CPDAT2 ADAT0 TOOL[1] BASE[0];

LIN P2 VEL=0.2m/s CPDAT2 ADAT0 TOOL[1] BASE[0];

LIN P1 VEL=0.2m/s CPDAT2 ADAT0 TOOL[1] BASE[0]。

修磨程序如下：

```
1   DEF clear(   )
2⇒( NI
3   PTP HOME Vel =20 % DEFAULT
4   LIN P1 CONT Vel =50 % PDAT1 Tool[1] Base[0]
5   LIN P2 Vel =0.2 m/S CPDAT1 Tool[1] Base[0]
6   LIN P3 Vel =0.2 m/S CPDAT6 Tool[1] Base[0]
7   LIN P4 Vel =0.2 m/S CPDAT7 Tool[1] Base[0]
8   PULSE 208 · · State =TRUE Time =3 sec
9   WAIT Time =3 sec
10   LIN P3 Vel =0.2 m/S CPDAT8 Tool[1] Base[0]
11   LIN P2 Vel =0.2 m/S CPDAT4 Tool[1] Base[0]
12   LIN P1 Vel =0.2 m/S CPDAT5 Tool[1] Base[0]
13   PTP HOME Vel =20 % DEFAULT
14   END
```

课 后 习 题

一、填空题

(1) 电极修磨器主要由_____、_____、_____和_____四部分组成。

(2) 修磨机主要执行_____和_____两个动作。

二、判断题

进行电极修磨时,待修磨的上下电极应夹紧刀具,然后实施修磨。   (   )

三、简答题

(1) 机器人和修磨机的电气接线完成后,手动调试修磨功能的步骤是什么?

(2) 修磨程序编写流程是什么?

项 目 小 结

本项目包括两个任务。第一个任务讲解修磨器的功能、电气接线及手动调试,学生需了解修磨器的基本功能,练习电气接线,完成手动调试,实现修磨和吹气功能。第二个任务主要讲解修磨器操作流程、规划示教点位及运动编程,学生需了解修磨器基本工作流程,编写修磨程序逻辑图,根据程序逻辑图示教点位,编写修磨器程序并完成调试。

项目四　焊接编程

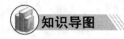
知识导图

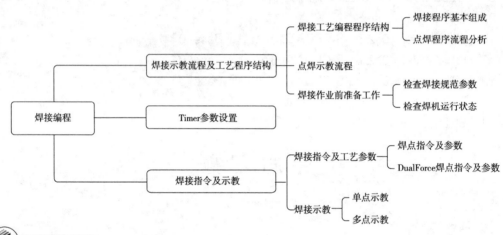

项目导入

点焊机器人焊接时,需要准确示教焊点的位置。KUKA 机器人 KST_ServoGun_TC 点焊包提供了手动示教的点焊指令[焊点、DualForce、电极初始化、电极修磨、脱开(解耦)卡钳、靠上(耦合)卡钳、后台电极头修磨、后台焊接等],指令中包含了基本的焊接形式,可实现焊点的位置示教。

在焊接作业过程中,由于工件的材料、厚度、结构等参数的不同,其焊接工艺参数也是不同的。本项目将对单个焊点、多个焊点等典型工艺进行讲解和分析,通过学习和练习掌握典型点焊的基本工艺流程和方法。

学习目标

1.知识目标

(1)掌握焊接轨迹的示教编程;

(2)熟悉 Timer 计时器的参数设置;

(3)熟悉典型焊接工艺编程。

2.情感目标

(1)理实结合、激发学习兴趣;

(2)动手实操,培养吃苦耐劳、刻苦钻研的工匠精神;

(3)分组练习,培养规范操作能力,养成团结协作精神。

任务一 焊接示教流程及工艺程序结构

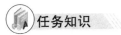 **任务目标**

1. 知识目标

(1)点焊示教编程的操作流程;

(2)点焊状态键的操作;

(3)焊接作业前的检查准备工作。

2. 教学重点

点焊示教编程的程序结构。

任务知识

一、焊接工艺编程的程序结构

1. 焊接工艺程序的基本组成

ServoGun 点焊包提供了四个基本的编程指令(焊点、DualForce 焊点、电极初始化和电极修磨),其中执行焊接的指令是焊点和 DualForce 焊点指令,电极初始化是应用于检测电极烧损检测,而电极修磨主要应用于电极工作面修正。使用点焊机器人焊接工件时,主要采用焊点、DualForce 指令,每一条指令实现一个焊点焊接,因此点焊编程时可以使用一条或多条指令实现待焊工件上的一个或多个焊点。

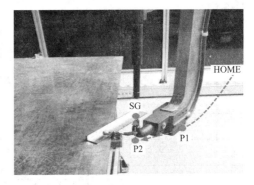

2. 点焊程序流程分析

点焊示教较为简单,除了点焊位置使用点焊指令外,其余全部由运动指令组成。如图 2-4-1 所示,实现工作平台上两件镀锌板一个点的焊接,焊接示教流程见表 2-4-1。

图 2-4-1 点焊示教示意图

焊 接 示 教 分 析 表 2-4-1

序 号	轨 迹 说 明	使用指令
1	机器人 TCP 从 HOME 到达 P1 避让点、P2 避让点	PTP 指令
2	机器人到达 P2 焊接临近点	LIN 指令
3	使用焊点或 Dual Force 焊点指令	SG
4	机器人 TCP 退回至 P2 焊接临近点	LIN
5	机器人 TCP 退回至 P1 避让点	LIN 或 PTP
6	机器人 TCP 退回至 HOME 点	PTP

二、点焊示教流程

点焊机器人轨迹示教与通用机器人相似,但 TCP 是电极头。示教方法主要有以下两种:

第一,根据工件和焊点位置,提前编写需要示教的指令,然后针对需要示教的点位逐一示教。提前编写指令可在 WorkVisual 和 OrangeEdit 上离线编写后导入 KRC 控制系统,也可在示教器上编写。

第二,在编写示教指令的同时进行点位示教。

本项目机器人示教点位均较为简单,可采取现场编程示教同时进行。焊接示教的工艺流程主要包括准备、示教和再现三个阶段。

三、焊接作业前的准备工作

1. 检查焊接规范参数

按照点焊规范参数要求,在 Timer 计时器中设置程序号、焊接电流、焊机周波(1 周波等于 20ms)等参数。如图 2-4-2 所示,该参数为轻型客车左侧围焊接参数。

					产品型号		工段名称	左侧围	7830-1
点焊　焊接规范参数表					产品名称	轻型客车	过程特殊特性	A	共11页 第1页
序号	工位名称	工位号	焊机编号	焊钳型号	焊接参考(允差±10%)				备注
					程序	焊接电流 I (kA)	电极压力 (kN)	焊机周波 (CY)	
1	左侧围总成一	C-010L	282042	ZPF36-C30-2610	1、3	8.7	1.6	10	
2	左侧围总成一	C-010L	282043	X40-Z3221A	2、4	9.0	2.6	10	
3	左侧围总成一	C-010L	282043	X34-Z11828	1、3	9.0	2.8	10	
4	左侧围总成一	C-010L	282044	X30-Z2408	2、4	9.1	2.6	10	
5	左侧围总成一	C-010L	282044	C30-ZA2207	1、3	9.1	2.0	10	
6	左侧围总成一	C-010L	282049	X30-Z2408	2、4	8.0	3.0	15	
7	左侧围总成一	C-010L	282049	C30-ZA2407	1、3	7.6	3.4	15	
8	左侧围总成一	C-010L	282050	C30-ZA2407	1、3	7.6	2.2	15	
9	左侧围总成一	C-010L	282050	X30-Z2513B	1、3	8.3	2.7	15	
10	左侧围总成一	C-010L	282051	C30-Z2525C	2、4	8.0	2.2	15	
11	左侧围总成一	C-010L	282052	X35-5526A	2、4	8.7	2.6	10	
12	左侧围总成一	C-010L	282052	X30-Z2513B	1、3	8.0	3.2	15	
13	左侧围总成5	C-010L	282045	X35-Z8025	2、4	9.1	2.8	8	
15	左侧围总成5	C-010L	282046	C30-ZA2207	2、4	7.8	2.8	15	
16	左侧围总成5	C-010L	282047	C30-ZA2210	2、4	7.8	1.6	15	

图 2-4-2　点焊规范参数表

2. 检查焊机运行状态

焊机平时为关闭状态,如图 2-4-3 所示,焊接时需将焊机打开。焊机开关通过焊机上的旋转把手来进行选择。

 任务实施——焊接准备调试

1. 任务要求

按照焊接工艺要求,做好焊接前的准备和调试工作,如表 2-4-2 所示。

a)焊机关闭　　　　　　　　　b)焊机打开

图 2-4-3　焊机为关闭状态

焊接前调试工作　　　　　　　　　　　　　　　　　　　表 2-4-2

序　号	调 试 工 作	序　号	调 试 工 作
1	首次初始化状态键	3	示教模式接通键
2	周期性初始化状态键	4	示教模式关闭键

2．任务操作

（1）主菜单选择"配置 > 状态键 > ServoTech > 焊接"，调入"焊接"工艺键(图 2-4-4)。

（2）调试首次初始化状态键：运行速度为 100％，按住"确认"键，单击示教器上首次初始化状态键，观察电极头是否动作。

（3）调试周期性初始化状态键：运行速度为 100％，按住"确认"键，单击示教器上周期性初始化状态键，观察电极头是否动作。

图 2-4-4　操作步骤(1)

（4）调试示教模式接通键：按住"确认"键，单击示教模式接通键，观察是否接通。

（5）调试示教模式关闭键：按住"确认"键，单击示教模式关闭键，观察是否关闭。

任务二　Timer 参数设置

 任务目标

1．知识目标

（1）点焊机控制器基本功能；

（2）点焊机控制信号及连接；

（3）点焊机控制器参数设置。

2．教学重点

点焊机控制器参数设置。

📖 **任务知识**

一、点焊机控制器

点焊机控制器用于控制焊接的电流、通电时间及电极压力等参数,本弧焊工作站采用小原控制器 OBARA/STN21,由控制箱和 TIMER 控制盒组成。在焊接中,根据焊接材料的工艺参数,通过 TIMER 控制盒人机交互界面设置焊接工艺参数(电流、时间和压力),控制焊接过程,输出热量,实现焊接。

1. 小原点焊机控制器概述

本弧焊工作站使用的 STN21 控制器,采用全数字同步控制模式,最多可控制 4/15 系列和 16 组总计 240 焊接条件,最大 8 焊枪控制(2 焊枪 +2 回缩阀)。

2. 控制信号及连接

(1)控制信号。

控制器与外部接线接口在控制箱中的接线端子 TB1 上,可实现控制器与外部设备的输入输出控制。TB1 端子信号如表 2-4-3 所示。

TB1 端子部分信号接线说明　　　　　　　　表 2-4-3

信号类型	信号名称	信号说明	接线端子
输入	报警输出	在发生故障或警告(注意)报警时,输出一个报警信号	A5
	步增完成输出	在步增功能中完成规定的步增时,输出一个信号	B5
	末级步增输出	向步增末级过渡时进行输出。选择参数 Pr 为 ON 位置时,改变为通电检测信号输出	B6
	保持结束输出	每次打点进行焊接完成信号输出。当发生报警常时,信号是否输出,取决于报警的发生	A6
输出	组 0~3	把 0~3 组进行二进制操作时,指定焊接条件 0~15 组	B10~B12
	启动 SW1~4	(1)启动的输入。由于组 0~3 的组合,能够得到最大焊接条件 240 条件;15 条件 ×16 组 =240 条件; (2)步增选择输入和启动 SW 的同时输入时,对应的 GUN 的步增被复位	A8~A11
	有无焊接输入	控制焊接电流有无的输入 注:本站来自机器人	B13
	报警复位	GUN1~8 的步增清除	A13
	变压器温控开关	焊接变压器的温控开关。N.C.(正常时关闭)	B15

TB1 端子为双排端子,分为 A 和 B 端信号接线如图 2-4-5 所示。

(2)与机器人的连接。

为了控制点焊机,机器人通过母线耦合器 EK1100、倍福 EL1809 数字输入模块和 EL2809 数字输出模块,建立总线连接,实现对点焊机的控制,其中点焊机端接在 TB1 端子上。由于机器人输出电压为 DC 27V,而点焊控制器输入电压为 DC 24V,电气连接需要经过中间继电器进行转换。接线如图 2-4-6 所示。

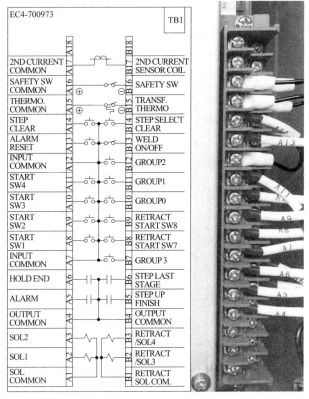

图 2-4-5　TB1 端子接线

3. 启动信号

机器人与点焊控制器通过启动 SW(1~4)和组(0~3)选择焊接条件(程序号),通过设定参数,选择 A – MODE(4 系列)和 B-MODE(15 系列),本弧焊工作站将启动 SW1(1~4)与机器人输出端口相连,组(0~3)未与机器人连接,因此本弧焊工作站点焊控制是 B 模式,组选择为 0。

启动输入设定如图 2-4-7 所示。

组输入时,1~15 全系列称为"组",共 16 个不同的组,用二进制方式进行组输入,未接组输入的情况下,指定组为 0 组。组的选择(0~F)见图 2-4-8。

最大条件数 = 15 系列 × 16 组 = 240 条件。

启动信号输入例子:

在 B 模式下使用时,输入组 3 的启动 7

输入地方:

启动 7 = 启动 1 + 启动 2 + 启动 3

组 3 = 组 0 + 组 1

4. 焊接条件

点焊机焊接流程如图 2-4-9 所示,焊接条件是点焊过程中的工艺参数,主要包括焊接电流、通电时间等,参数数量能够满足工艺过程的设置。

点焊焊接条件说明如表 2-4-4。

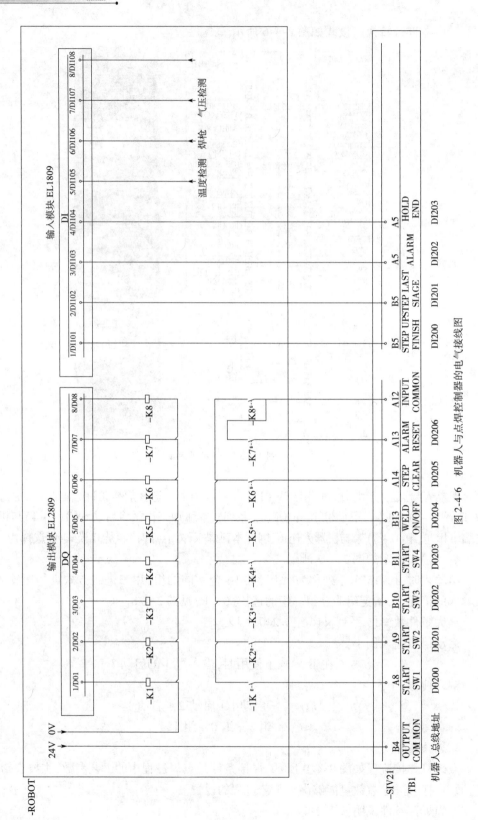

图 2-4-6 机器人与点焊控制器的电气接线图

A MODE(1~4：全4系列)				1组
系列	1系列	2系列	3系列	4系列
启动SW1	○	×	×	×
启动SW2	×	○	×	×
启动SW3	×	×	○	×
启动SW4	×	×	×	○

B MODE(1~F：全15系列)															
系列	1	2	3	4	5	6	7	8	9	A	B	C	D	E	F
启动SW1	○	×	○	×	○	×	○	×	○	×	○	×	○	×	○
启动SW2	×	○	○	×	×	○	○	×	×	○	○	×	×	○	○
启动SW3	×	×	×	○	○	○	○	×	×	×	×	○	○	○	○
启动SW4	×	×	×	×	×	×	×	○	○	○	○	○	○	○	○

图 2-4-7　启动设定

组	0	1	2	3	4	5	6	7	8	9	A	B	C	D	E	F
组0	×	○	×	○	×	○	×	○	×	○	×	○	×	○	×	○
组1	×	×	○	○	×	×	○	○	×	×	○	○	×	×	○	○
组2	×	×	×	×	○	○	○	○	×	×	×	×	○	○	○	○
组3	×	×	×	×	×	×	×	×	○	○	○	○	○	○	○	○

图 2-4-8　组的选择

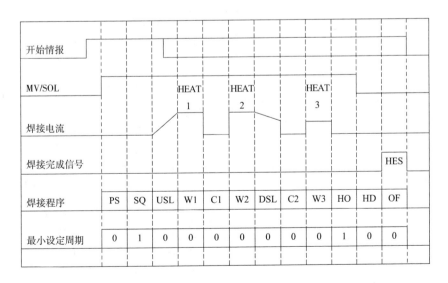

图 2-4-9　点焊流程

部分焊接条件说明 表2-4-4

名　称	显　示	输入条件/说明	
焊枪选择	GunSel	条件	设定范围1~8(最大) 此系列用于选择使用的焊枪编号(MV/SOL)
		说明	将SOL/MV输出到设定的焊枪号
		参数	参数"Pj Gun Sel"
预压	PrSquez	条件	设定范围1~99(周期),设定值为0将禁用此项目
		说明	电磁阀动作后等待此处所规定的一段时间。它是焊接顺序中的初始过程,在连点焊时省略
焊接1时间 焊接2时间 焊接3时间	Weld1 Weld2 Weld3	条件	设定范围1~99(周期),设定值为0将禁用此项目。不能同时将所有焊接时间都设定为0。至少必须有一个要设定成非0值
		说明	设定焊接时间
		参数	
焊接1电流 焊接2电流 焊接3电流	HEAT1 HEAT2 HEAT3	条件	设定范围2.0~60.0(kA)
		说明	每次焊接时间所需的焊接电流在此设定
		参数	焊接条件"TumR"
冷却1时间 冷却2时间	Cool1 Cool2	条件	设定范围0~99cyc,0cyc未使用
		说明	焊接间歇时间在此规定
保持时间	Hold	条件	设定范围0~99cyc,不能设定为0
		说明	焊接电流施加结束,焊枪释放前的保持时间
变压器匝数比	TumR	条件	设定范围0.1~200.0 系列1,焊枪系列和所有系列的设定均取决于"PbTrans Type"参数
		说明	利用1次电流换算成2次电流值。因为输入"设定数据异常"的警告会输出,所以不能设定为0.0
开放时间	Off	条件	设定范围0,4~99cyc,0cyc未使用 参数"Pc Repeat Select"设定在…ON位置
		说明	将启动开关保持ON将会重复循环操作
流通比	C. Flow +	条件	设定范围30%~100%(100%为无效)
		说明	为了比较当下的通电状态的异常判断基准值 通流比:将焊接电流流速与假定在全波下为100%的流速相比的一个参考值,最大电流的波形由SCR控制。由于电缆品质退化,该流速会随着电阻的变大而降低,所以系统自动地偏移触发点以增大通流比

二、Timer 操作界面

Timer 控制盒简称 TP(Teaching Pendant),也称为示教器。TP 是人机界面,可实现焊接条件数据输入、焊接监控及异常显示等功能,其功能按键如图2-4-10所示。

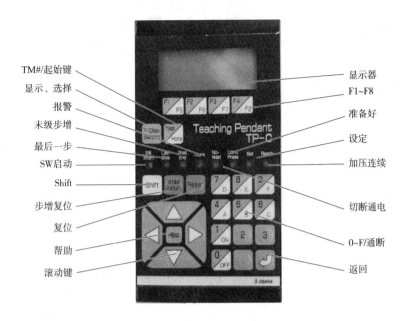

图 2-4-10 Timer 操作界面

TP 中操作键的名称及功能如表2-4-5所示。

TP 中按键功能   表 2-4-5

操 作 键	功 能
F1 ~ F4/F5 ~ F8	功能键用于选择菜单; 若选择 F5 ~ F8,则按下相应的功能键 + "Shift"键; F8 键专门用于返回先前的菜单
0 ~ 9、"." /A ~ F/ON、OFF	数据输入用按键。A ~ F 用"Shift" + 4 ~ 9 进行选择; ON、OFF 选择没有必要加上"Shift"。ON = "1",OFF = "0"
TM#/ Home	显示和编辑当前连接 TM#的键; 选择待监控的控制器数值键; TM# + Shift 键等于 HOME 键,为显示初始屏的快捷键
Step Reset	当启用步增功能时,该键用于步增计数器复位
Reset	使当前发出的报警复位; 使焊接计数器上当前显示的打点数复位; 清除正在显示的历史数据
↑ ← → ↓	按箭头所示方向滚动屏幕
Help	显示求助功能,内含各功能键详细说明
Shift	为选择 F5 ~ F8 和 A ~ F 的辅助按钮

TP 中指示灯名称及显示状态如表 2-4-6 所示。

TP 中指示灯状态表　　　　　　　　　　　　　　　　表 2-4-6

指　示　灯	显示状态说明
Ready	TP-NET 完成初始处理,然后通过通讯接收初始数据后,控制器随时准备接收焊接数据时,灯亮
No Weld	控制器处于"Weld off"方式时,灯亮
Conti. Press.	控制器处于"Weld off…"方式中且焊枪压力控制在连续加压方式时,灯亮
Set	控制器处于数据设定方式时,灯亮
SW Start	控制器的起动开关接通时,灯亮
Last Step	控制器进入最后一步时,灯亮
Step up finish	控制器进入步增结束阶段时,灯亮
Alarm	控制器检测出故障时,灯亮

三、设置焊接参数

TP 可以实现 Mon(监控)、TMD(TM 数据设定)、TPD(TP 数据编辑)、Mode(操作模式选择),其中焊接条件的设置在 TMD 中进行,而启动信号、结束信号、单元和组的设定在 TPD 中。

1. TPD 参数设定流程

下面以示例来讲解 TPD 的流程,例如:TP 内部单元 2 的参数"瞬时启动"有效,步骤如表 2-4-7 所示:

TPD 参数设定流程　　　　　　　　　　　　　　　　表 2-4-7

序号	步骤示例	按键	操作提示
1	GUN 1　　　17401 GUN 2　　　　0 GUN 3　　　　0 Mon　TMD　TPD　Mode	F3 / F7	选择"TPD"
2	GUN 1　　　17401 GUN 2　　　　0 GUN 3　　　　0 Edit　UCP　PEd　PCP	F3 / F7	选择"PEd"
3	Unit paramrter Edit Menu Select Select Unit# Range: 1-5	↵	输入"2",再回车确定数值
4	24 One Shoot　　OFF 25 HoldOut　　　OFF 26 HoldADly　　OFF **E d i t**	F1 / F5	使用移动键,将想要变更的参数移动到最上行,选择"Edit"

序号	步骤示例	按键	操作提示
5	24 One Shoot　OFF Input Data Range: 0-1	↵	输入"1",再按回车键确定数值
6	24 One Shoot　ON Input Data Range: 0-1	TM#/Home	确认参数已切换到 ON 状态,再按"Home"键回到初始画面

2. TMD 参数设定流程

TMD 中主要设定焊接条件,包括焊接电流、通电时间、冷却时间等。在进行参数设定时,确认组别模式。下面以示例来讲解焊接条件设定流程,例如:将计时器内部焊接条件的组 3 的启动 5 的焊接 1 电流设定在 10.0kA。步骤如表 2-4-8 所示。

TMD 参数设定流程　　　　　　　　　　　　　　表 2-4-8

序号	步骤示例	按键	操作提示
1	GUN 1　　17401 GUN 2　　　0 GUN 3　　　0 Mon TMD TPD Mode	F2/F6	选择"TMD"
2	Set Data Menu Select Group# Range: 0-15	↵	输入"3",选择 3 组后再按回车键确定数值
3	B35 Heat 1　5.0kA B35 Heat 2　5.0kA B35 Heat 3　5.0kA Edit FCP SCP GCP	F1/F5	上下翻转,选择"HEAT1"; 左右翻转,选择"系列5"; 将 Heat1 放到最上行,选择"Edit"
4	B35 Heat1　5.0kA Input Data Range: 2.0-60.0	↵	输入"10",用回车键确定数值
5	B35 Heat1　10.0kA Input Data Range: 2.0-60.0	TM#/Home	确认替换数值,按"Home"键回复到初始画面

注:设置的前提是 TP 需要在 SET 模式下。

任务实施——设置焊接参数

1.任务要求

按表2-4-9的参数值,设置焊接参数A01。

焊接参数设定表

表2-4-9

参 数 名	设 定 值	参 数 类 型
脉冲启动	1 和 ON	TPD
结束信号	1 和 ON	
变压器匝数比	37	TMD
焊接1电流	8kA	
焊接1时间	20yc	
冷却1时间	10cy	

2.任务操作

(1)首先设置TPD参数"脉冲启动""结束信号",先将TP设置为SET模式,SET指示灯亮,设置顺序如下:□+□+□+□(图2-4-11)。

(2)更改脉冲启动和结束信号输出,操作顺序如下:□+□/□+□/□在编辑菜单中输入单元号"1"(图2-4-12)。

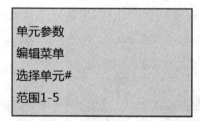

图2-4-11 操作步骤(1)   图2-4-12 操作步骤(2)

(3)选中脉冲启动参数,单击"EDIT",输入数字1,单击"回车",将OFF改为ON。□+数字□(图2-4-13)。

(4)选中结束信号输出参数,点击"EDIT",输入数字1,单击"回车",将OFF改为ON。□+数字□(图2-4-14)。

(5)接下来设置TMD变压器匝数比参数,操作步骤如下:□/□(图2-4-15)。

(6)选择组,输入组编号0,单击"回车"数字□(图2-4-16)。

```
14 脉冲启动              ON


输入数据                1
范围：0-1
```

图 2-4-13　操作步骤（3）

```
15 结束信号输出          ON


输入数据                1
范围：0-1
```

图 2-4-14　操作步骤（4）

```
焊枪1                 50422
焊枪2                  2256
A01-1  焊接周波         30cy
Mon   TMD   TPD   Mode
```

图 2-4-15　操作步骤（5）

```
设定数据菜单


选择组#
范围：0-15
```

图 2-4-16　操作步骤（6）

（7）选择变压器匝比，单击"Edit"，输入37，单击"回车" 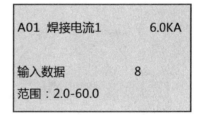（图 2-4-17）。

（8）同理，利用翻滚键，选择焊接电流1，输入8kA，单击"回车"。 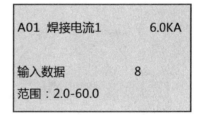（图 2-4-18）。

```
A01  变压器匝比          37.0
A01  通流比             99%
A01  CF错误计数           0
Edit    FCP    SCP    CCP
```

图 2-4-17　操作步骤（7）

```
A01  焊接电流1          6.0KA


输入数据                8
范围：2.0-60.0
```

图 2-4-18　操作步骤（8）

（9）同理，利用翻滚键，设置焊接 1 时间为20cy，冷却 1 时间为10cy，单击"回车"，然后单击"Home"键返回（图 2-4-19）。

```
A01  焊接1 时间         20cy
A01  冷却1 时间         10cy
A01  焊接2 时间          0cy
Edit    FCP    SCP    CCP
```

图 2-4-19　操作步骤（9）

注：操作示范中的示意图为 TP 屏幕上的参数显示。

任务三　焊接指令及示教

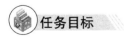任务目标

1.知识目标

（1）熟悉焊点、DualForce 焊点联机表单的使用方法；

(2)掌握参数的设置方法。

2.教学重点

(1)联机表单的使用;

(2)单焊点和多焊点程序的编写。

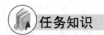 **任务知识**

一、焊接指令及工艺参数

KUKA 机器人 ServoTech 包提供了两条基本的点焊指令,分别是焊点、DualForce 焊点,其中焊点是单一压力下的焊接,而 DualForce 是两个作用力下的焊接。本弧焊工作站采用无气动补偿的卡钳,焊钳位置通过机器人的运动进行修正,因此焊接指令使用机器人补偿联机表单。

1.焊点

焊点指令包含至点焊位置(目标点)的运动以及待焊接工件的总厚度、卡钳的闭合力、通过焊接点之间的机器人修正卡钳位置和通过焊接点处的机器人修正卡钳位置参数,可进行轨迹逼近。

图 2-4-20 中的焊点联机表单图示参数含义如 2-4-10 所示。

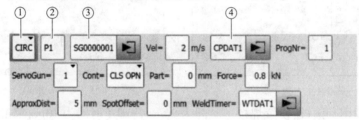

图 2-4-20　焊点指令

焊点联机表单参数含义表　　　　　　　　　　　　　　　　表 2-4-10

参 数 序 号	参 数 含 义
①	运动方式:PTP、LIN 或 CIRC
②	仅在进行 CIRC 运动时:辅助点
③	目标点名称: 仅仅针对选项"点的名称":最后 7 位(默认位数)必须为数字。机器人控制系统将此位数作为程序编号告知焊接计时器。可通过参数"位置数量"配置最后相关位数的数量。 […]0 000 001… […]9 999 999
Vel	速度:PTP:0~100 %; LIN 或 CIRC:0.001~2m/s
④	运动数据组名称。系统自动赋予一个名称。名称可以被改写
ProgNr	用于焊接计时器的程序编号: 1~100 000 只有在 WorkVisual 中配置了选项"程序号"时,才显示该栏目

续上表

参 数 序 号	参 数 含 义
ServoGun	激活的卡钳： 1~6
Cont	CLS OPN：闭合和打开运动时的圆滑过渡； OPN：打开运动时的圆滑过渡； CLS：闭合运动时的圆滑过渡； ［空白］：无圆滑过渡
Part	待焊接工件的总厚度： 0~100 mm 只有选项"计时器中的薄板厚度"配置为 FALSE 时，才显示该栏目
Force	卡钳的闭合力； 最大值：配置参数"最大焊钳夹紧力，单位 kN"的数值； 只有选项"来自计时器的动力"配置为 FALSE 时，才显示该栏目
ApproxDist	通过焊接点之间的机器人修正卡钳位置。例如，当卡钳从一个焊点移动到另一个焊点时若是会在板材上留下划痕，则可在此处进行均衡调整。该位置将反向于刀具作业方向进行修正。 0~10mm
SpotOffset	通过焊接点处的机器人修正卡钳位置。例如，当原有板材厚度因材料熔化而发生变化，则可在此处进行均衡调整。 正值：该位置将朝向刀具作业方向进行修正； 负值：该位置将反向于刀具作业方向进行修正。 –5~+5 mm
WeldTimer	焊接参数： 只有在 WorkVisual 的 ServoGun 编辑器的"焊接计时器"中至少有一个选项设为 TRUE 的情况下才会显示此栏目

2. DualForce

图 2-4-21 中 DualForce 焊点指令联机表单图示参数含义如表 2-4-11 所示。

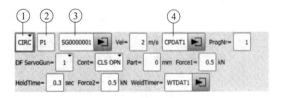

图 2-4-21 DualForce 焊点指令

DualForce 焊点参数含义表   表 2-4-11

参 数 序 号	参 数 含 义
①	运动方式：PTP、LIN 或 CIRC
②	仅在进行 CIRC 运动时：辅助点

参 数 序 号	参 数 含 义
③	目标点名称： 仅仅针对选项"点的名称"：最后 7 位(默认位数)必须为数字。机器人控制系统将此位数作为程序编号告知焊接计时器。可通过 WorkVisual 中参数"位置数量"配置最后相关位数的数量 [···]0 000 001··· [···]9 999 999
Vel	速度： 　　PTP：0 ~ 100 %； LIN 或 CIRC：0.001 ~ 2 m/s
④	运动数据组名称。系统自动赋予一个名称,名称可以被改写
ProgNr	用于焊接计时器的程序编号： 1 ~ 100 000 只有在配置了选项 程序号 时,才显示该栏目
DF ServoGun	激活的卡钳：1 ~ 6
Cont	CLS OPN：闭合和打开运动时的圆滑过渡； OPN：打开运动时的圆滑过渡； CLS：闭合运动时的圆滑过渡； [空白]：无圆滑过渡
Part	待焊接工件的总厚度： 0 ~ 100 mm 只有选项"计时器中的薄板厚度"配置为 FALSE 时,才显示该栏目
Force1	卡钳的第一闭合力： 最大值：配置参数"最大焊钳夹紧力,单位 kN"的数值； 栏目 Force1、HoldTime 和 Force2 仅会在选项"来自计时器的动力"配置为 FALSE 时才会显示
HoldTime	如果卡钳达到了第一闭合力,则将会按此处显示的时间保持该力； 之后过渡到第二闭合力（无打开和闭合动作）
Force2	卡钳的第二闭合力： 如果卡钳达到了第二闭合力,则将保持该力,直到焊接计时器发出焊接结束信号
ApproxDist	通过焊接点之间的机器人修正卡钳位置；例如,当卡钳从一个焊点移动到另一个焊点时若是会在板材上留下划痕,则可在此处进行均衡调整； 该位置将反向于刀具作业方向进行修正。 0 ~ 10 mm
SpotOffset	通过焊接点处的机器人修正卡钳位置。例如,当原有板材厚度因材料熔化而发生变化,则可在此处进行均衡调整。 正值：该位置将朝向刀具作业方向进行修正； 负值：该位置将反向于刀具作业方向进行修正。 －5 ~ ＋5 mm

续上表

参数序号	参数含义
WeldTimer	焊接参数： 只有在 WorkVisual 的 ServoGun 编辑器的"焊接计时器"中至少有一个选项设为 TRUE 的情况下才会显示此栏目

二、焊接示教

1. 单个焊点示教

程序如下：

INI

……

PTP P1 VEL =50% PDAT1 TOOL[1]:weld −1 Base[0]

LIN SG1 Vel =0. 2 m/s CPDAT1 ProgNr = 1 ServoGun = 1 Cont = CLS OPN Part =10mm

Force =0.5kN ApproxDist =0mm SpotOffset =0mm Tool[1]:weld −1 Base[0]

PTP P2 VEL =50% PDAT1 TOOL[1]:weld −1 Base[0]

程序分析：

机器人从 HOME 位置运行到避让点 P1,然后使用 SG 指令直线移动到点焊位置,由于本段程序由移动指令和点焊指令组成,因此采用 SG 实现焊点的位置示教,并实现点焊功能。

2. 多个焊点示教

程序如下：

INI

……

PTP P1 VEL =50% PDAT1 TOOL[1]:weld −1 Base[0]

LIN SG1 Vel =0. 2 m/s CPDAT1 ProgNr = 1 ServoGun = 1 Cont = CLS OPN Part =10mm

Force =0.5 kN ApproxDist =0 mm SpotOffset =3 mm Tool[1]:weld −1 Base[0]

LIN P2 VEL =0.2 m/s CPDAT1 TOOL[1]:weld −1 Base[0]

LIN P3 VEL =0.2 m/s CPDAT1 TOOL[1]:weld −1 Base[0]

LIN SG2 Vel =0. 2 m/s CPDAT1 ProgNr = 1 ServoGun = 1 Cont = CLS OPN Part =10mm

Force =0.5 kN ApproxDist =0 mm SpotOffset =0 mm Tool[1]:weld −1 Base[0]

LIN P4 VEL =0.2 m/s CPDAT1 TOOL[1]:weld −1 Base[0]

PTP P5 VEL =50% PDAT1 TOOL[1]:weld −1 Base[0]

程序分析：

机器人从 HOME 位置运行到避让点 P1,然后使用 SG 指令直线移动到第一个焊点位置,进行点焊,使用 LIN 指令直线实现 SG1→P2→P3→SG2 的运行。

任务实施

(一)任务一:单个焊点示教任务

1. 任务要求

(1)根据表2-4-12设置焊接参数。

焊接工艺参数设置　　　　　　　　　　　　　　　表2-4-12

参 数 名 称	设 定 值	参 数 名 称	设 定 值
待焊接工件的总厚度	3	卡钳的闭合力	0.5
ApproxDist	0	SpotOffset	0
程序号	1		

(2)单点焊接两块δ1.5的镀锌钢板。

2. 任务操作

(1)新建焊接作业文件"weld"(图2-4-22)。

(2)添加"PTP"指令示教焊接准备点P1(图2-4-23)。

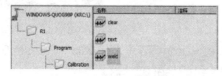　　　　　　　　　　　

图2-4-22　操作步骤(1)　　　　　　　　　图2-4-23　操作步骤(2)

(3)添加"SG"点焊指令,并输入点焊参数(图2-4-24)。

(4)添加"PTP"指令示教避让点P2(图2-4-25)。

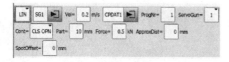　　　　　　　　　　　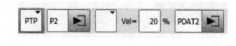

图2-4-24　操作步骤(3)　　　　　　　　　图2-4-25　操作步骤(4)

程序清单如下:

PTP HOME Vel =20 % DEFAULT

PTP P1 Vel =20 % PDAT1 Tool[1] Base[0]

LIN SG1 VeL =0.2 m/s CPDAT1 ProgNr –1 ServoGun –1 Cont –CLS

OPN Part =10 mm Force =0.5 kN Appro×Dist =0 mm Spot0ffset =0

mm Tool[1] Base[0]

PTP P2 Vel =20 % PDAT2 Tool[1] Base[0]

PTP HOME Vel =20 % DEFAULT

(5)将示教器运行速度调至50%,按下"确认"和"启动"键,观察电极头轨迹是否符合要求。如有不符,修正示教点位(图2-4-26)。

(6)打开焊接电流,实施焊接,焊接效果如图2-4-27所示。

(二)任务二:多个焊点示教任务

1. 任务要求

(1)根据表2-1-26设置焊接参数,熟练掌握焊接工艺参数的设置方法。

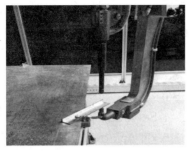
图 2-4-26　操作步骤(5)

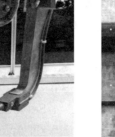
图 2-4-27　焊接效果

(2)点焊两块 δ1.5 的镀锌钢板,点焊点数 2 个。

2. 任务操作

(1)新建焊接作业文件"weld"(图 2-4-28)。

(2)添加 "PTP"指令示教焊接准备点 P1(图 2-4-29)。

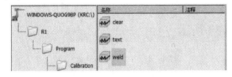
图 2-4-28　操作步骤(1)

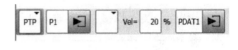
图 2-4-29　操作步骤(2)

(3)再添加"SG"点焊指令,并输入点焊参数(图 2-4-30)。

(4)添加 "LIN"指令示教避让点 P2(图 2-4-31)。

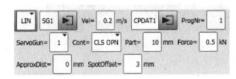
图 2-4-30　操作步骤(3)

图 2-4-31　操作步骤(4)

(5)添加 "LIN"指令示教避让点 P3(图 2-4-32)。

(6)再添加"SG"点焊指令,并输入点焊参数(图 2-4-33)。

图 2-4-32　操作步骤(5)

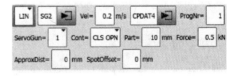
图 2-4-33　操作步骤(6)

(7)添加 "LIN"指令示教避让点 P4(图 2-4-34)。

(8)添加 "PTP"指令退出工作区域点 P5(图 2-4-35)。

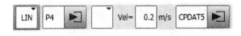
图 2-4-34　操作步骤(7)

图 2-4-35　操作步骤(8)

程序清单如下:

PTP HOME Vel =20 % DEFAULT

PTP P1 VeL =20 % PDAT1 Tool[1] Base[0]

LIN SG1 Vel =0.2 m/S CPDAT1 ProgNr −1 ServoGun −1

Cont =CLS OPN Part =10 mm Force =0.5 kN ApproxDist =0

mm Sptoffset =3 mm Tool[1] Base[0]

LIN P2 Vel =0.2 m/s CPDAT2 Tool[1] Base[0]

LIN P3 Vel =0.2 m/s CPDAT3 Tool[1] Base[0]

LIN SG2 Vel =0.2 m/s CPDAT4 ProgNr −1 ServoGun =1

Cont −CLS OPN Part =10 mm Force −0.5 kN ApproxDist =0

mm Spot0ffset =0 mm Tool[1] Base[0]

LIN P4 VeL =0.2 m/s CPDAT5 Tool[1] Base[0]

PTP P5 Vel =20 % PDAT3 Tool[1] Base[0]

PTP HOME VeL =20 % DEFAULT

(9)将示教器运行速度调至 50%，按下"确认"和"启动"键，观察电极头轨迹是否符合要求，如有不符，修正示教点位(图 2-4-36)。

打开焊接电流，实施焊接，焊接效果如图 2-4-37 所示。

图 2-4-36　操作步骤(9)　　　　　　　　　图 2-4-37　焊接效果

课 后 习 题

一、填空题

机器人在执行焊点焊接时，执行焊点指令，写出下列指令参数含义。

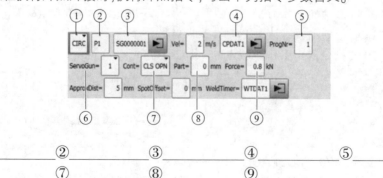

①_____　②_____　③_____　④_____　⑤_____

⑥_____　⑦_____　⑧_____　⑨_____

二、选择题

（1）下列指令中，执行点焊的指令是（　　　）。

A. 焊点　　　　　B. DualForce 焊点　　　　C. 电极初始化　　　　D. 电极修磨

（2）在进行点焊作业准备时，需要检查焊接规范参数，焊接时间为 20 周波，焊接时间下列正确的是（　　）。

A. 4ms　　　　　B. 40ms　　　　　　C. 400ms　　　　　　D. 4000ms

（3）小原点焊控制器，可设置 A 和 B 模式，其中 A 模式为（　　）系列。

A. 1　　　　　　B. 2　　　　　　　C. 4　　　　　　　　D. 8

（4）小原 Timer 控制器中可实现监控、数据设定、数据编辑和操作模式选择，其中焊接条件设置在（　　）。

A. MON　　　　B. TMD　　　　　C. TPD　　　　　　　D. Mode

三、判断题

（1）小原点焊机控制器，可设置 A 和 B 两种模式，其中 B 模式为 16 系列。　　　（　　　）

（2）小原点焊机控制器，根据启动 SW（1～4）和组（0～3），最大可设置 240 个焊接条件。

（　　　）

四、简答题

（1）点焊示教方法是什么？

（2）设置"瞬时启动"参数的流程是什么？

（3）在点焊过程中，焊点指令选择了 LIN 运动方式，请描述执行指令时机器人的运动过程（包括电极）。

项 目 小 结

本项目包括三个学习任务。第一个学习任务主要讲述工业机器人点焊程序构成、操作使用的状态键及焊接前的准备工作，学生需了解一点或多点焊接的程序指令组成，学会状态键的使用，并严格按照焊前检查要求进行焊接准备工作，为焊接工艺实施做准备。第二个任务主要讲述点焊控制箱与机器人电气接线、Timer 的参数设置等内容，学生需了解焊机控制器的电气接线，熟悉 Timer 的操作界面，掌握通过 Timer 设置 TPD、TMD 参数，做好焊前的参数设置工作。第三个任务主要讲述单点和多点点焊工艺实施，学生需学习点焊联机表单应用和示教技巧，综合应用焊接参数配置，实现点焊。

模块三　工业机器人分拣工作站系统集成

项目一　分拣工作站认知

 **知识导图**

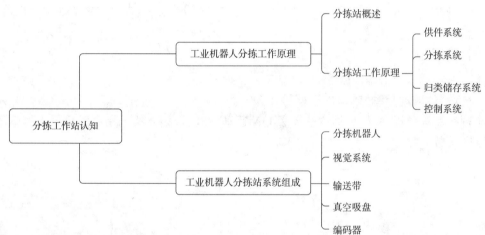

 **项目导入**

　　分拣机器人是一种具备传感器、物镜和电子光学系统的机器人,可以快速进行货物分拣,提高分拣效率,降低分拣成本。本模块将学习分拣机器人应用及发展趋势、机器人分拣工作原理、机器人分拣系统组成以及分拣工作站系统连接等内容。

 **学习目标**

1.知识目标

(1)熟悉分拣应用技术的基本原理;

(2)熟悉工业机器人分拣工作站结构和功能。

2.情感目标

(1)增长见识,激发学习的兴趣;

　　(2)关注机器人行业,初步了解分拣机器人工作原理及设备组成,学习工业机器人分拣站系统集成的思路,培养团队协作精神,树立为机器人行业应用及发展努力学习的目标。

任务一 工业机器人分拣工作原理

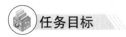任务目标

1.知识目标

(1)了解分拣系统的构成;

(2)了解视觉检测识别系统;

(3)熟悉工业机器人分拣原理。

2.教学重点

(1)视觉识别系统的分类;

(2)工业机器人分拣原理。

任务知识

一、工业机器人分拣站概述

工业机器人分拣站(以下简称分拣站)是专门用于自动分拣的系统,主要是由示教盒、相机、机器人本体及传输带、真空压缩机等部分组成。分拣站系统集图像获取、图像识别、图像定位等功能,并可以与机器人码垛、拆垛、机器人数控穿梭行走以及上位计算机管理组成为开放式柔性自动化系统。分拣站是利用工业机器人结合视觉系统的分拣作业系统,实现对物料搬运、上下料和装配,常应用于物流等分拣企业。快递分拣机器人见图3-1-1。

图3-1-1 快递分拣机器人

二、工业机器人分拣工作原理

分拣站视觉识别静态或动态的不同物品以及静态或动态的同一物品不同的放置面、放置方向,识别和定位物品后,由分拣机器人根据已获得的物品类型、位置信息选择夹具抓取,然后根据物品需放置的位置完成对物品的拆垛、搬运或码垛等任务,最终实现物品的自动分拣装盘及配送。

根据分拣系统的功能,分拣生产线通常由供件系统、分拣系统、归类存储系统、控制系统四部分组成, 在控制系统的协调作用下,实现物件从供件系统进入分拣系统进行分拣,最后由归类存储系统完成物件的物理位置的分类,从而达到物件分拣的目的。

1.供件系统

供件系统是为了实现分拣系统的高效,快速为分拣系统提供等待分拣的物品, 所以一

般要配备一定数量的高速自动供件系统,以满足分拣系统的高效率运行。供件系统一般是由输送带或输送器等部件组成,如图3-1-2所示。

2.分拣系统

分拣系统是整个系统的核心,是实现分拣的主要执行系统。通过视觉检测识别系统识别输送过来的物件,将具有各种不同信息的物件,通过工业以太网传输给执行系统(机器人),在一定逻辑关系的基础上实现物件的分配与组合,如图3-1-3所示。

图3-1-2　供件系统

图3-1-3　分拣系统

3.归类存储系统

归类存储系统是分拣处理的末端设备,其目的是为分拣处理后的物件提供暂时的存放位置,并实现一定的管理功能,如图3-1-4所示。

4.控制系统

控制系统是整个分拣系统的大脑,它的作用不仅是将系统中的各个功能模块有机地结合在一起协调工作,而且更重要的是控制系统中的通信与上层管理系统进行数据交换,以便分拣系统成为整个物流系统不可分割的一部分。

图3-1-5所示的分拣站是模拟生产现场的一个单站分拣系统。其工作原理为:在分拣作业中采用两条高低的平带输送带,高输送带将工件传输到低输送带上,低输送带向前运动将工件传送到视觉相机的视野中,相机识别到工件后,将工件的位置数据通过以太网传送到机器人控制系统,机器人根据位置信息进行同步跟踪抓取工件,并将抓取的工件放置在高输送带上,循环往复。

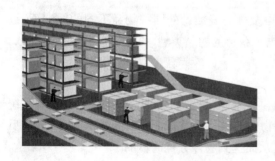

图3-1-4　归类存储系统

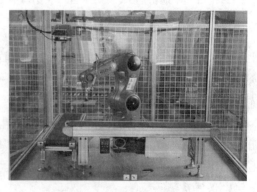

图3-1-5　工业机器人分拣站

任务二　工业机器人分拣站系统组成

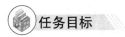

任务目标

1. 知识目标

（1）熟悉工业机器人分拣站系统组成；

（2）了解组成设备的基本功能。

2. 教学重点

工业机器人分拣站系统组成及设备的主要功能。

任务知识

分拣工作站是利用工业机器人、视觉系统、输送带等设备组成分拣作业系统，可以完成物流分拣、食品加工、电工电子等分拣作业。如图 3-1-6 所示，分拣站主要由机器人、视觉系统、传输带、真空吸盘、编码器、同步信号发生器等组成，可根据不同的物料形状，灵活地调整分拣作业任务，达到柔性化生产的目的。

1. 机器人本体

机器人本体用于夹持吸盘，执行运动任务。将视觉和工业机器人有机结合在一起，使机器人控制系统和视觉系统在控制逻辑上融为一个整体，从而大幅度提高分拣效率和分拣质量。本弧焊工作站采用的 KUKA 机器人 KR6 R700 SIXX，如图 3-1-7 所示。

图 3-1-6　工业机器人分拣工作站系统组成

①-视觉系统；②-真空吸盘；③-同步信号；④-低传送带；⑤-KUKA

机器人；⑥-高传送带；⑦-输送带控制器

图 3-1-7　分拣机器人本体

KUKA 分拣机器人 KR6 R700 SIXX 技术参数如表 3-1-1 所示。

KR6 R700 SIXX 分拣机器人技术参数　　　　　　表 3-1-1

参 数 名 称	参 数 值	参 数 名 称	参 数 值
轴数	6 轴	负载	6kg
工作范围	706.7mm	重复定位精度	±0.03mm
防护等级	IP54	本体质量	54kg
结构形式	WP（防溅版）	安装方式	落地、倒挂、壁挂

2. 视觉系统

机器视觉技术是利用机器视觉代替人眼对工件进行检测、测量、分析、判断和决策控制

图 3-1-8　康耐视相机 In-Sight7020

的智能测控技术，为分拣作业提供类似于人眼信息检索和判断功能。本分拣系统采用 COGNEX（康耐视）In-Sight 系列视觉系统（图 3-1-8），其可靠性和可重复性更高，能够保证分拣作业效率和质量，迅速改进生产流程，实现生产过程自动化和防差错生产，最大限度地减少缺陷、降低成本。In-Sight 系列为 2D 高速、精准识别视觉系统，具有元件定位、OCR/验证、工业条码读取、色彩应用、缺陷探测等强大功能。

3. 输送带

输送带是用来传输分拣物料，将待分拣的物料传输到分拣区域位置进行分拣的设备。通过传输带对待分拣物料的位置改变，可以实现快速高效的分拣作业，提高分拣机器人的分拣效率。

如图 3-1-9 所示，本弧焊工作站输送带使用两个不同高度的平带输送带，采用调速电机控制，并安装有绝对式编码器（旋转变压器），可以将输送带的速度和位置信息传递给机器人控制器。高输送带将工件向低传送带输送，待工件随机掉落到低传送带上时，低传送带将工件向前运送。输送带采用三相异步电机进行运动控制，通过专门的调速器进行正反转控制。

图 3-1-9　平带输送带

4. 真空吸盘

机器人末端安装有气动吸盘工具，通过气动吸盘来实现对工件的吸取、搬运与释放。真空吸盘简称吸盘，又称真空吊具，是一种带密封唇边的，在与被吸物体接触后形成一个临时的密封空间。通过抽走或者稀释密封空间里面的空气，产生内外压力差而进行工作的一种气动元件。

真空吸盘是由橡胶材料所造，吸取或者下放工件不会对其表面造成任何损伤，在对工件表面要求特别严格的行业，必须使用真空吸盘，如图 3-1-10 所示。

5. 编码器

旋转编码器是通过轴的旋转，产生电信号，并将电信号转换为角位移，实现位移的准确检测。旋转编码器按照工作原理可分为增量式和绝对式，本弧焊工作站采用的是绝对式旋转变压器。

旋转变压器工作原理是转子通电形成磁场，定子通过感应产生与转子位置成比例的电压值，将电压值经过机器人 RDC 分解器进行转换，换算成角度值，计算转子转动位置，实现对位移的检测（图 3-1-11）。

图 3-1-10　真空吸盘

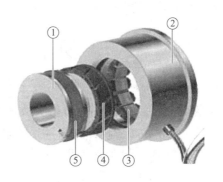

图 3-1-11　旋转变压器
①-转子;②-定子;③-正弦和余弦线圈;
④-转子线圈;⑤-旋转式变压器

6. 同步信号发生器

如图 3-1-12 所示,同步信号发生器是光电传感器,是用来检测工件的装置。同步信号发生器工作时,检测输送带上是否有工件经过信号检测位置,如有,则产生高电平信号,触发机器人同步跟踪抓取。

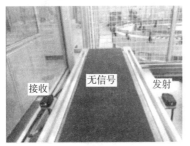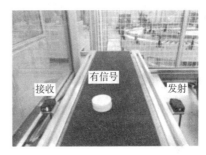

图 3-1-12　同步信号发生器

课后习题

一、填空题

(1) 编码器按工作原理可分为_____和_____两种。

(2) 供件系统是为系统提供等待分拣的物品,系统一般由_____或_____等组成。

(3) _____系统是分拣生产线的核心,其中该系统一般是通过_____系统识别输送过来的物件,并将物件信息通过工业以太网传输给执行系统。

二、选择题

根据分拣系统的功能,分拣生产线通常由(　　)组成。

A. 供件系统　　　　B. 分拣系统　　　　C. 归类储存系统　　　　D. 控制系统

三、简答题

(1) KR6 R700 SIXX 分拣机器人的主要技术参数是什么?

(2) 视觉系统的主要作用是什么?

(3) 输送带的主要作用是什么?

项 目 小 结

本项目包括两个学习任务。第一个任务主要讲述工业机器人分拣工作原理,学生可以初步了解分拣系统的组成,熟悉工业机器人分拣工作原理,为后续的实操项目奠定理论基础。第二个任务主要讲述工业机器人分拣站的组成及各设备的主要功能,学生主要了解工业机器人分拣站基本组成、设备参数及功能、设备选型,培养工业机器人分拣站系统集成的策划思路,为工作站系统集成奠定基础。

项目二 分拣工作站系统配置

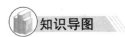 **知识导图**

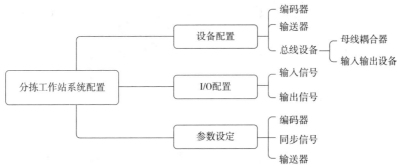

 项目导入

为了实现机器人执行机构同步抓取、处理或放下输送器上的工件,KUKA 分拣机器人控制系统中安装了分拣工艺包 ConveyorTech,可实现输送器的运输、处理、定位等功能。使用 ConveyorTech 工艺包的前提是为每一个工件配备一个同步触发信号,在多个连续的工件时,必须为每个工件触发一个同步信号。基于分拣工艺包的支持,操作者可以实现在示教器上快速调试分拣流程,灵活控制分拣过程。

为了实现机器人对分拣过程的控制,需要对分拣系统设备、分拣设备参数及 I/O 信号进行配置。

 学习目标

1.知识目标

(1)熟悉设备硬件配置;

(2)掌握分拣控制系统 I/O 信号配置;

(3)掌握利用信号手动调试分拣设备的能力。

2.情感目标

(1)理实结合、激发学习兴趣;

(2)分组练习,培养规范操作能力,养成团结协作精神。

任务知识

一、输送器软件应用包

ConveyorTech 输送器工艺包是 KUKA 公司提供的一套可后续加载的应用程序包,用于输送器的控制。在使用之前,需要在 WorkVisual 和 KR C 控制柜中预先安装该辅助软件包。

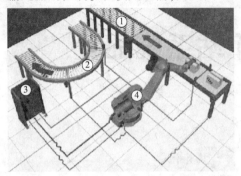

为方便分拣机器人控制执行机构实现物品的分拣,ConveyorTech 工艺包提供联机表单,用以实现同步、抓取、处理或放下任意结构输送器上的工件,输送器系统如图 3-2-1 所示。该软件具有以下一些功能:

(1)在机器人控制系统内编程直线和回转输送器应用。

(2)将机器人的运动与输送器应用的线性或环形运动协调或同步。

(3)划分输送器运行。

(4)多重输送器跟踪等功能。

图 3-2-1 输送器系统
①-线性输送器;②-环形输送器;③-机器人控制系统;④-机器人

二、WorkVisual 中配置

典型工业机器人分拣工作站是由机器人系统、视觉系统及外围系统组成,为了使机器人控制系统与外部设备进行数据交互,首先必须将需要进行数据交互的现场设备加入到 KR C4 控制系统中,让机器人控制系统知道外部设备的组成,并为其分配总线地址进行信号传输。

设备配置时,需要对设备、输入输出端及输送器进行配置,配置完成后将项目下载到机器人控制系统激活使用。分拣站在 WorkVisual 中的配置内容及流程如图 3-2-2 所示。

图 3-2-2 WorkVisual 中配置流程

1. 设备配置

分拣站配置的设备主要包括总线设备、编码器及输送器,其中总线设备是实现机器人控制系统对外部信号传输,采用了母线耦合器 EK1100、16 位数字输入模块 EL1809、16 位数字输出模块 EL2809;编码器是作为机器人检测输送带速度的设备,与机器人的 RDC 相连,实时检测输送带位移;输送器配置抓取限位、定位等参数。分拣工作站配置设备清单见表 3-2-1。

分拣站设备配置清单　　　　　　　　　　　　　　　　　表 3-2-1

序　号	设备名称	规　格	说　明
1	输送器	LinearConveyor1	
2	接口板	CIB-SR	设备在控制系统组件中,X33 连接同步信号
3	编码器	Position Tracker	设备在控制系统组件中,X11 接口连接 RDC 分解器

续上表

序　号	设备名称	规　格	说　明
4	母线耦合器	EK1100	外部 I/O 模块连接器
5	16 通道数字输入模块	EL1809	倍福 16 位数字输入
6	16 通道数字输出模块	EL2809	倍福 16 位数字输出

2. I/O 配置

本次 I/O 端口作为分拣站系统的备用端口,在分拣控制中未使用。配置时,将总线设备 EL1809、EL2809 与机器人总线连接,分配总线地址,地址分别为 1 ~ 16 的 16 位地址。总线连接方法参见本书任务 2.3 中的方法。

3. 参数设定

为实现分拣站的速度检测及同步检测功能,需要配置编码器、同步信号和输送器。

1)编码器和同步信号

如图 3-2-3 所示,编码器(旋转变压器)通过 X11 接口,连接旋转变压器与机器人 RDC;同步信号作为触发机器人运动的信号通过 X33,连接红外传感器与机器人的 CIB-SR 接口。

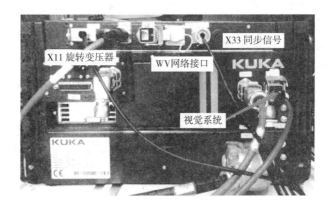

图 3-2-3　控制系统与外部设备连接

在 WorkVisual 中配置驱动装置,将机器人与旋转编码器、同步信号连接起来,建立信号通道,如图 3-2-4 所示。

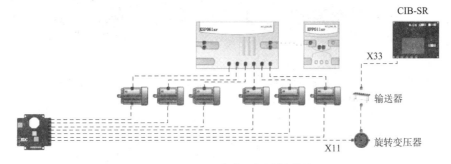

图 3-2-4　WorkVisual 中编码器和同步信号配置

根据图 3-2-4 中的连接关系,同步信号连接到 CIB-SR 的第 1 脚,对应的外部信号则是将同步信号连接到 X33 的第 1 脚,X33 脚定义如图 3-2-5 和表 3-2-2 所示。

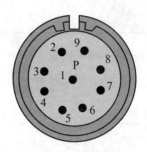

图 3-2-5 X33 针脚分布
示意图

X33 针脚定义　　　　　　　　　　　　　　　　　　　　　　表 3-2-2

针　脚	说　明	针　脚	说　明
1	信号输入 1	5	预留
2	信号输入 2	6	+24V　V－P
3	信号输入 3	7	GND
4	信号输入 4	8	0　V－P

可以通过以下步骤进行更改同步信号与 X33 的接线:

(1)选中同步开关与接口 X33 的输入端之间的连接线。

(2)单击右键并在弹出菜单中选择不保留所选的连接。

(3)单击同步开关并按住鼠标键。

(4)将鼠标指针拖到所需的输入端上并松开,同步开关现在与所需的输入端连接。

拓展思考:

如果在 WorkVisual 中将同步信号连接到 CIB-SR 的第 2 脚,则外部连接需将同步信号接到第 2 脚(信号输入 2)上。请问:WorkVisual 中将同步信号连接到 CIB-SR 的第 4 脚,外部连接将同步信号接到 X33 第几脚?

2)输送器配置

在项目结构导航器中双击设备"LinearConveyor1",进入输送器参数配置窗口,如图 3-2-6 所示。

图 3-2-6 输送器参数配置

输送器的参数配置窗口有三类参数,即 Basic、Expert Parameters、Distance,单击选项卡设置相应参数。参数功能说明见表 3-2-3。

输送器参数功能说明　　　　　　　　　　　　　　　　　　　　表 3-2-3

类　型	名　称	说　明
Basic	下　标	输送器系统的计时器下标:1~32
Expert Parameters	过滤器激活 Filter active	激活:用已筛选的位置信息计算输送器的基坐标系; 未激活:不用已筛选的位置信息计算输送器的基坐标系

续上表

类　　型	名　　称	说　　明
Expert Parameters	延迟 Delay Compensation[ms]	补偿运动控制系统延迟和反应时间的时间(单位:ms)
	轴编码器传动比 Resolver transmission ratio	旋转变压器或增量编码器提供的增量数量和输送器直线或回转距离之间的转换比; 提示:该参数在测量时自动确定。通常不需要进行更改
	去抖 Debouncing[ms]	2个测量信号之间的最小时间间隔,以便能将其解释为2个分开的信号(单位:ms)
	跟踪下标 Trace – Index	与 KRCIpoTraceFeature – Channel ConveyorData 的偏差
Distance	报警距离 Alarm Distance	如果机器人在该参数中确定距离上跟踪输送器上的工件,则给出相应的信息并重置已配置的输出端
	最大距离 Maximum Distance	机器人同步运动时能行驶的最大距离。只要机器人已达到定义的数值,将中断同步运动并且机器人运动执行在 CONV_QUIT 中编程的运动
	报警距离时中断 Iterrupt on Alarm Distance	报警距离的中断编号。确定同时出现时执行的优先权
	最大距离时中断 Interrupt on Max. Distance	最大距离的中断编号。确定同时出现时执行的优先权
	出现停止信号时中断 Interrupt on Stop Message	输送器跟踪运动期间,$ STOPMESS 出错时的中断编号。$ STOPMESS被赋值,以显示出现了要求停止机器人运动的信息(例如:急停或操作人员保护装置损坏)
	报警距离输出端 Out on Alarm Distance	报警距离的输出端编号
	停止信息输出端 Out on Stop Message	$ STOPMESS 出错时的输出端编号

 任务实施——设备配置

1. 任务要求

(1)在 WorkVisual 中上传项目,按表3-2-1添加编码器、EK1100、EL1809 及 EL2809 等设备。

(2)对设备 EL1809 和 EL2809 进行总线连接,分配总线地址 1~16。

(3)在驱动装置中配置旋转变压器、输送器及 CIB-SR 的连接,其中 CIB-SR 配置第 1 脚。

(4)在输送器配置窗口配置表3-2-4 的参数。

输送器参数　　　　　　　　　　　　　　　　　　　　　表 3-2-4

参　　数	设　定　值	选　项　类　型
Debouncing[ms] （去抖）	12	Expert Parameters
Maximum Distance （最大距离）	3000	Distance
Alarm Distance （报警距离）	2000	

2. 任务操作

（1）打开上传的 WorkVisual 项目文件，激活项目（图 3-2-7）。

（2）在项目结构中选中控制柜，鼠标右键单击，选择"添加"（图 3-2-8）。

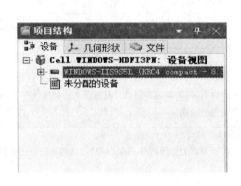

图 3-2-7　操作步骤(1)　　　　　　　　　　　图 3-2-8　操作步骤(2)

（3）在弹出的对话框菜单中选择 Options > Conveyor > Linear Conveyor，单击"添加"（图 3-2-9）。

（4）在设备导航页上出现"Linear Conveyor1"设备，完成输送带添加（图 2-2-10）。

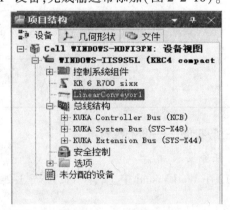

图 3-2-9　操作步骤(3)　　　　　　　　　　　图 3-2-10　操作步骤(4)

（5）添加完成后，在页面右下角弹出对话框（图 3-2-11）。

选择 Let robot follow conveyor"Linear Conveyor1"（让机器人跟随输送带 1）。

（6）单元配置窗口中，鼠标左键单击机器人，拖至输送带出，选择"KR6 R700 SIXX 应当进行 Linear Conveyor1"（图 3-2-12）。

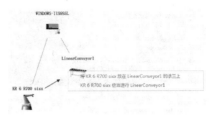

图 3-2-11　操作步骤(5)　　　　　　　图 3-2-12　操作步骤(6)

（7）完成上一个对话框后，WorkVisual 页面右下角将继续弹出一个对话框（图 3-2-13）。

（8）选择对话框中第一个问题中的"打开工具与基坐标管理"，在 WorkVisual 中将弹出一个工具/基坐标管理页面（图 3-2-14）。

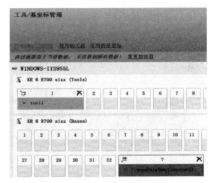

图 3-2-13　操作步骤(7)　　　　　　　图 3-2-14　操作步骤(8)

（9）将 Flange Base（ear Conveyor1）拖入 Bases 基坐标中为输送带分配基坐标编号（图 3-2-15）。

注：此编号会直接显示在示教器的基坐标管理中。

（10）鼠标右键单击"控制系统组件"，然后选择"添加"（图 3-2-16）。

图 3-2-15　操作步骤(9)　　　　　　　图 3-2-16　操作步骤(10)

（11）选择"Position Tracker"编码器，然后单击"添加"（图 3-2-17）。

（12）同理，添加 EK1100、EL1809、EL2809，添加完成后的设备如图 3-2-18 所示。

图 3-2-17　操作步骤(11)　　　　　　　　图 3-2-18　操作步骤(12)

（13）双击"项目结构"中"LinearConveyor1"设备,按照表 3-2-4 输入输送带参数（图 3-2-19）。

（14）添加完编码器后,在项目结构中选中"控制系统组件",右击选择"驱动装置配置"（图 3-2-20）。

图 3-2-19　操作步骤(13)　　　　　　　　图 3-2-20　操作步骤(14)

（15）驱动装置配置打开后,WorkVisual 将自动快速分配检测口,可以根据实际接线进行调整（图 3-2-21）。

（16）下载项目到机器人控制系统中,激活项目（图 3-2-22）。

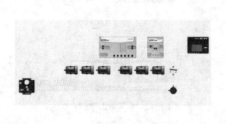

图 3-2-21　操作步骤(15)　　　　　　　　图 3-2-22　操作步骤(16)

课 后 习 题

一、填空题

(1) 输送带按类型可分为_____和_____两种。

(2) 在分拣系统中,需要设定同步信号用以触发机器人运动,同步信号在 KR C4 控制柜上的连接插件号为_____。

二、判断题

(1) 每一个机器人工位实现数字输入输出必须有一个总线耦合器。   (   )

(2) 在 WorkVisual 中可配置同步信号连接到 CIB-SR 的引脚,可灵活配置为 1-4 号引脚。

(   )

三、简答题

在 WorkVisual 中设置输送带最大距离为 300mm,其含义是什么?

项 目 小 结

本项目主要练习在 WorkVisual 中进行分拣站的系统配置,学生需学习分拣站设备配置的方法和流程,具备在 WorkVisual 中自主完成系统配置的能力。

项目三　输送带传送跟踪测量

知识导图

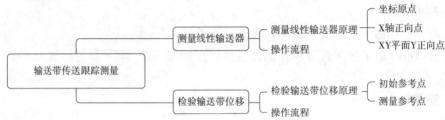

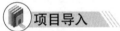**项目导入**

　　分拣机器人在操作、编程和调试时,输送带传送跟踪测量具有重要意义,可以保证分拣的效率和精度。输送带传送跟踪测量分为两部分,即测量线性输送器和检验输送带位移,测量线性输送器是建立一个以输送带同步触发点为原点的基坐标,通过三点法进行标定,而检验输送带是对已测量的传送带位移进行检验,校正机器人通过旋转变压器计算位移值与输送带实际位移值的一致性,此项检验是保证机器人与输送带同步的关键。

学习目标

1.知识目标

(1)掌握测量输送带的方法和步骤;

(2)掌握测量输送带位移的方法和步骤。

2.情感目标

(1)锻炼动手能力,培养沟通和合作的品质;

(2)关注细节,培养精益求精的工匠精神。

任务一　测量线性输送器

任务目标

1.知识目标

(1)掌握输送带传送跟踪测量方法;

(2)熟悉测量输送器的原理及线性输送器测量方法。

2.教学重点

输送带传送跟踪测量的方法和步骤。

任务知识

一、测量线性输送器原理

测量线性输送器采用 3 点法测量,建立一个输送器基坐标,所有输送器的程序将以该坐标系作为参考,计算坐标位置。如图 3-3-1 所示,输送带上分别标记 P1、P2 和 P3 测量点,创建输送器基坐标的精度取决于测量点的位置精度。测量过程中,TCP 要精确地指向各个点,保证测量精度。

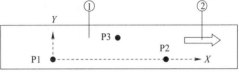

图 3-3-1　线性测量
①-输送器;②-运行方向

1. 坐标系原点 P1

P1 点是输送器上一个参考点,为了能够清除识别和重复使用,将机器人开始跟踪工件的起始点作为 P1 点,即同步信号触发点,此点也作为输送器基坐标系的原点。

2. X 轴正向上点 P2

P2 点是 P1 点在输送带上向前移动一段距离的点,P2 定义了输送带基坐标系的正向 X 轴,即 X 轴上正向上的一点。测量时,尽量大地选择 P1 和 P2 之间的距离可以提高测量精度,建议为 P2 选择一个位于该范围末端的位置(最大跟踪距离),至该位置时,机器人可以跟踪输送器上的工件。

3. XY 平面 Y 正向点 P3

P3 点是确定输送带基坐标的 Y 正向的一点,一般选在输送器基坐标系的正向 XY 面中,用该点可以确定输送器平面的姿态。

二、测量线性输送器的操作流程

(1)将运行模式选择到 T1,在示教器主菜单中选择:投入运行 > 测量 > 输送器 > 测量,打开"测量"窗口,如图 3-3-2 所示。

图 3-3-2　测量窗口

（2）进入"输送器—测量"窗口，选择测量栏为"测量输送器"，输送器框中需要测量的输送器为 WorkVisual 中分配了基坐标编号的输送器"LinearConveyor1"（参见项目十），在测量工作框中选择所使用的测量工具编号，如图 3-3-3 所示。

（3）按下"执行"按钮，开始进行输送器的测量。将工件放在输送器上并启动输送器，如图 3-3-4 所示。

（4）如果当工件运行到同步开关且获取了同步开关信号后（2/5 步骤），示教器提示"停止输送器"，立即停止输送器（图 3-3-5）。

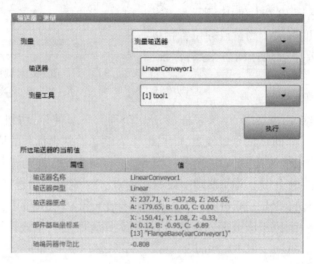

图 3-3-3　选定测量参数

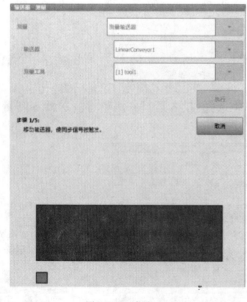

图 3-3-4　步骤 1/5

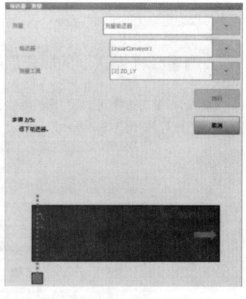

图 3-3-5　步骤 2/5

（5）示教器将提示 3/5 步骤，操作机器人将 TCP 驶至输送器上的基准点，然后按"继续"（图 3-3-6）。

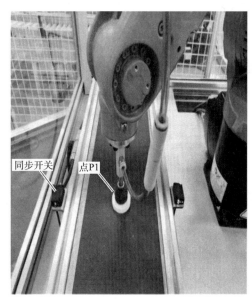

a)步骤3/5　　　　　　　　　　　　　　　　b)TCP驶向基准点

图 3-3-6　步骤 3/5

（6）运行并重新启动输送带（步骤 4/5），将工件移动 100~150mm（参考距离，原则上 P1 和 P2 点的距离尽量大）后停止输送带，将 TCP 定位到现在已移动的原点上（P2）并按下"继续"（图 3-3-7）。

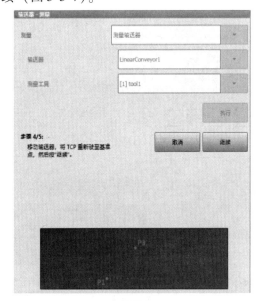

a)步骤4/5　　　　　　　　　　　　　　　　b)TCP驶向P2

图 3-3-7　步骤 4/5

（7）将 TCP 移动至输送器基坐标系正向 XY 平面 Y 正向上的任一点上（P3）并按下"完成"，至此完成线性输送器的测量，并把测量数据保存在基坐标"LinearConveyor1"中，为后续的输送器程序示教提供计算参考。如图 3-3-8 所示。

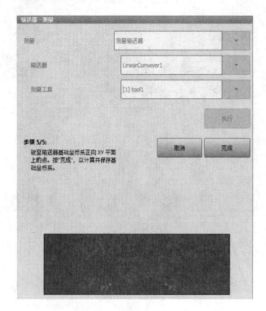

a)步骤5/5   b)TCP驶向P3

图3-3-8　步骤5/5

 任务实施——测量线性输送器

1. 任务要求

(1)选择基坐标"LinearConveyor1"进行测量。

(2)采用3点法建立输送器基坐标系。

2. 任务操作

按照测量线性输送器的操作流程的操作步骤进行测量。

任务二　检验输送带位移

任务目标

1.知识目标

掌握检验输送带位移的方法与步骤。

2.教学重点

检验输送带的方法和步骤。

任务知识

一、检验输送带位移工作原理

在测量输送器之后,须对已测量的传送带位移进行检验,为旋转变压器的测量值与输送带实际直线位移值之间建立数学模型,确定换算关系,为机器人提供精确空间位置坐标,实现机器人同步运行。检验的精确度是保证机器人与输送带同步的关键,该位移保存在变量 CAL_DIG}[x]中。

检验输送带位移的工作原理如图 3-3-9 所示,将同步信号触发点作为工件初始参考点 P1,操作输送带向前足够长的距离 L(不小于 100mm)到达 P2 点,停止输送带,示教器自动显示 P1 到 P2 的距离,操作员用量具测量 L 的实际距离,并与机器人测得数据进行比对,将实际距离输入机器人示教器中,机器人通过内部算法计算旋转变压器变化值与实际值之间的比例关系,并保存在机器人控制系统中,以达到校准参数目的。

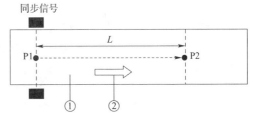

图 3-3-9　检验输送带位移工作原理
①-输送器;②-运行方向

二、检验输送带位移的操作流程

(1)在主菜单中选择"投入运行 > 测量输送器 > 测量",打开"输送器—测量"窗口,选择测量框为"检查轴编码器传动比";在输送器框中选择"LinearConveyor1";在测量工具框中选择所使用工具(探针)的编号。然后按下"执行",开始检验(图 3-3-10)。

(2)将工件放到输送器上并启动输送器,工件经过同步开关并且获取了同步信号(图 3-3-11),此时不得停止输送器。

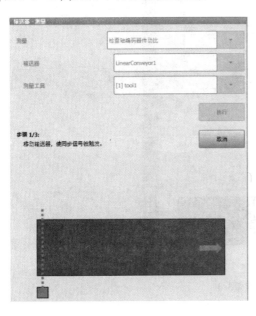

图 3-3-10　步骤 1/3

图 3-3-11　获取同步信号

(3)让输送器继续运行一段距离,然后停止输送带(图 3-3-12),停止位置如图 3-3-13 所示。

（4）停止位置距离同步信号获取点足够长，然后使用工具测量工件和同步点之间的距离（图3-3-14）。

（5）比较示教器自动测量数值与实际工具测量值，如果数值相符，按下"完成"键。

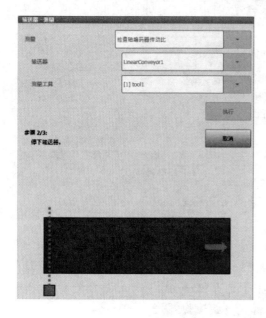

图 3-3-12　2/3 步骤

图 3-3-13　停下输送器位置

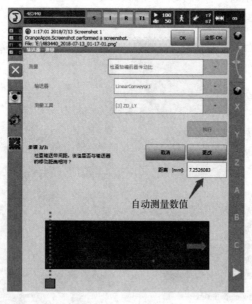

图 3-3-14　步骤 3/3

（6）如果数值不相符，则重新测量输送器或进行以下步骤：

①在图 3-3-14 中，按下"更改"键。

②在数值框中输入手动测量值。

③按下"完成"，并重复（1）～（5）步骤，直到数值满足误差要求。

任务实施——检验输送带位移

1. 任务要求

(1)选择基坐标"LinearConveyor1"进行测量。

(2)以实际100mm的位移进行测量。

2. 任务操作

按照检验输送带位移操作流程的操作步骤进行测量。

课 后 习 题

一、填空题

测量线性输送器采用类似于基坐标的3点法，三个点分别代表坐标系的_____、_____及_____。

二、判断题

(1)检验输送带位移之前，必须完成线性输送带测量，为传送带建立基坐标。（　　）

(2)检验输送带位移的最后一步会显示机器人自动测量的距离，这个距离代表的是测量起始参考点到测量点的实际距离。（　　）

三、简答题

(1)简述测量线性输送器的原理。

(2)简述检验输送带位移的意义。

项 目 小 结

本项目包括两个学习任务。第一个任务主要讲授测量线性输送器的方法及步骤，练习测量线性输送器，学生通过练习掌握线性输送器测量的原理、步骤及测量要求。第二个任务主要讲授检验线性输送器位移的方法及步骤，学生需掌握检验线性输送器位移的原理、步骤及测量要求。

项目四 视觉系统

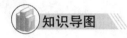

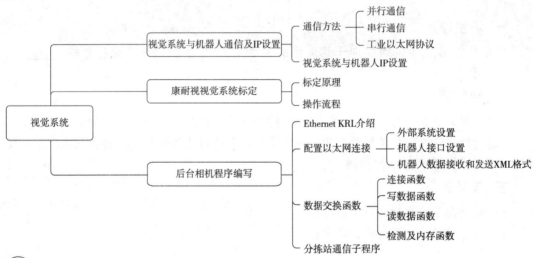

项目导入

机器人自动分拣过程中,需要将视觉系统获取的工件信息(位置坐标)实时传输给机器人,信息的传送是通过以太网通信进行的,为此需要对视觉系统与机器人进行通信及 IP 设置,标定分拣的工件形状,创建传输数据结构。KUKA 公司提供了 Ethernet KRL 以太网通信包,该软件是一个可后载入的应用程序包,可以定义视觉系统传输的信息,初始化、建立、关闭及删除网络连接,传输数据,实现机器人与视觉系统之间数据交换。

学习目标

1.知识目标

(1)掌握视觉系统与机器人连接 IP 设置流程;

(2)掌握康耐视系统标定的方法与步骤;

(3)掌握后台相机程序的基本编写流程。

2.情感目标

(1)锻炼动手能力,激发兴趣,培养沟通和合作的品质;

(2)关注细节,培养精益求精的工匠精神。

任务一 视觉系统与机器人通信及 IP 设置

任务目标

1.知识目标

(1)了解视觉系统与机器人通信方法；

(2)掌握视觉系统与机器人 IP 设置方法。

2.教学重点

视觉系统与机器人连接的方法和步骤。

任务知识

一、通信方法

通信,指人与人或人与自然之间通过某种行为或媒介进行的信息交流与传递,广义上指需要信息的双方或多方在不违背各自意愿的情况下采用任意方法、任意媒质,将信息从某方准确安全地传送到另一方。

对于视觉系统和机器人而言,通信是一种实时共享数据,支持决策和实现高效率一体化流程的一种方式。不同的控制器和设备支持不同的通信种类和通信接口。常见的通信方式和协议如下所示：

1.并行通信

并行通信是可以使一组数据的各数据位在多条线上同时被传输。它以计算机的字长(通常是 8 位、16 位或 32 位)为传输单位,每次传送一个字长的数据,如图 3-4-1 所示。

2.串行通信

串行通信是指计算机主机与外设之间以及主机系统与主机系统之间数据的串行传送。使用一条数据线,将数据一位一位地依次传输,每一位数据占据一个固定的时间长度。其只需要少数几条线就可以在系统间交换信息,串口通信时,发送和接收到的每一个字符实际上都是一次一位的传送的,每一位为 1 或者为 0,如图 3-4-2 所示。

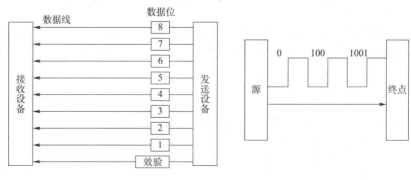

图 3-4-1 并行通信　　　　图 3-4-2 串行通信

3. 工业以太网协议

工业以太网是基于 IEEE 802.3(Ethernet)的强大的区域和单元网络。允许通过以太网网线连接 PLC、上位机和其他装置。常见的工业以太网协议有如下几种：

(1)Modbus TCP/IP。

该协议由施耐德公司推出，以一种非常简单的方式将 Modbus 帧嵌入到 TCP 帧中，使 Modbus 与以太网和 TCP/IP(客户机/服务器)结合，成为 Modbus TCP/IP。这是一种面向连接的方式，每一个呼叫都要求一个应答，这种呼叫/应答的机制与 Modbus 的主/从机制相互配合，使交换式以太网具有很高的确定性，利用 TCP/IP 协议，通过网页的形式可以使用户界面更加友好。

(2)现场总线网络。

现场总线是顺应智能现场仪表而发展起来的一种开放型的数字通信技术，其发展的初衷是用数字通信代替一对一的 I/O 连接方式，把数字通信网络延伸到工业过程现场。根据 IEC 和美国仪表协会 ISA 的定义，现场总线是连接智能现场设备和自动化系统的数字式、双向传输、多分支结构的通信网络，它的关键标志是能支持双向、多节点、总线式的全数字通信。常见的现场总线网络有如下几种：

①Ethernet/IP。

Ethernet/IP 是适合工业环境应用的协议体系。它是由 ODVA(Open Device net Vendors Asso-cation)和 Control Net International 两大工业组织推出的，与 Device Net 和 Control Net 一样，它们都是基于 CIP(Controland Information Proto-Col)协议的网络。它是一种面向对象的协议，能够保证网络上隐式(控制)的实时 I/O 信息和显式信息(包括用于组态、参数设置、诊断等)的有效传输。

②EtherCAT。

EtherCAT(以太网控制自动化技术)是一个以以太网为基础的开放架构的现场总线系统，最初由德国倍福自动化有限公司(Beckhoff Automation GmbH)研发。EtherCAT 为系统的实时性能和拓扑的灵活性树立了新的标准，同时，它还符合甚至降低了现场总线的使用成本。EtherCAT 的特点还包括高精度设备同步，可选线缆冗余和功能性安全协议(SIL3)，其主张"以太网控制自动化技术"。

③PROFINET。

针对工业应用需求，德国西门子于 2001 年发布了该协议，它是将原有的 Profibus 与互联网技术结合，形成了 PROFINET 的网络方案，是新一代基于工业以太网技术的自动化总线标准。PROFINET 为自动化通信领域提供了一个完整的网络解决方案，囊括了诸如实时以太网、运动控制、分布式自动化、故障安全以及网络安全等当前自动化领域的热点话题，并且作为跨供应商的技术，可以完全兼容工业以太网和现有的现场总线(如 PROFIBUS)技术，保护现有投资。

不同的通信方式各自的特点如表 3-4-1 所示。

通信方式的优缺点 表 3-4-1

通信方式	并行通信	串行通信	工业以太网通信
优点	传输速度较快,适合于大量和快速的信息交换。数据的各个位同时传送,可以字或字节为单位并行,并行传输的数据宽度可以是 1 ~ 128 位,甚至更宽	使用一条或几条通信线,尤其是在远程通信时,节省传输线,大大降低通信成本	基于 TCP/IP 的以太网采用国际主流标准,协议开放、完善不同厂商设备,容易互连具有互操作性;可实现远程访问,远程诊断;网络速度快,可达千兆甚至更快;支持冗余连接配置,数据可达性强;系统容易几乎无限制,不会因系统增大而出现不可预料的故障,有成熟可靠的系统安全体系
缺点	通信线路复杂,抗干扰能力差	传输速度比较低	工业以太网对工作的现场温度、干扰度会要求更高

二、视觉系统与机器人 IP 设置

1. 设置要求

视觉系统和机器人采用以太网(Ethernet)进行连接,建立机器人与视觉系统通讯,机器人和视觉系统的 IP 地址必须与之在一个区段内(如 169.254. X. X)。

本弧焊工作站视觉系统与机器人通过一根绿色网线进行连接,如图 3-4-3 所示。

a)相机连接

b)机器人端连接

图 3-4-3 视觉系统与机器人连接

2. 视觉系统与机器人 IP 设置操作流程

(1)双击软件"In-Sight Explorer",启动视觉标定软件(图 3-4-4)。

(2)选中菜单栏选项卡中的"传感器 > 网络设置"

IP 如图 3-4-5 所示:172. 31. 1. 9。

(3)示教器主菜单选择"配置 > 用户组",将操作者权限调整到专家模式(图 3-4-6)。

注:KUKA 机器人密码初始为 KUKA。

(4)示教器主菜单栏中选择"投入运行 > 网络配置"。比较视觉系统和机器人 IP 是否处于同一 IP 地址的区段内。如不在同一区段,则更改至同一区段内(图 3-4-7)。

图 3-4-4　操作步骤(1)

图 3-4-5　操作步骤(2)

IP 设置为:172.31.1.30。

图 3-4-6　操作步骤(3)

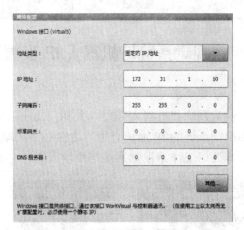

图 3-4-7　操作步骤(4)

任务二　康耐视视觉系统标定

 任务目标

1.知识目标

(1)了解视觉系统标定流程;

(2)掌握康耐视视觉系统标定方法和步骤。

2.教学重点

分析标定流程,掌握视觉系统标定方法和步骤。

任务知识

一、视觉系统标定原理

视觉系统在具备类似于人的视觉功能之前,需要对视觉系统进行标定,使其可以识别需要分拣的物体,并把分拣物体所需要传输的信息传输给机器人。相机标定流程如图3-4-8所示,相机扫描工件,获取工件图像信息,采集图像经过处理、分析和识别,数字化工件坐标位置,并根据用户要求格式化传输数据后,输出数据到机器人控制系统。

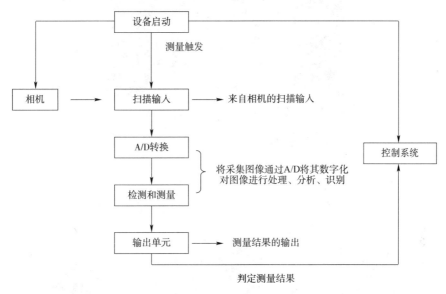

图 3-4-8　视觉系统检测流程

二、康耐视相机标定的操作流程

1. 康耐视相机标定主要流程

康耐视相机标定的步骤分为三个部分:第一是坐标系标定,将相机坐标统一到机器人坐标系中,使两者坐标系保持一致;第二是获取需要的工件图案,为触发后续处理做准备;第三是按照用户格式,编写传输的数据格式。具体的操作流程如下:

(1)采集实况图像。

(2)确定 N 点,输入该点在机器人中的 XY 坐标值。

(3)确定工件图案。

(4)通信设置。

(5)写入需要传输的字符串。

(6)格式化通信字符串。

其中,(1) ~ (2)用于确定坐标系、(3)用于确定工件图案、(4) ~ (6)用于格式化输出数据。

注:不同厂家相机标定流程不尽相同,本文以康耐视相机为例进行讲解。

2. 标定流程详解

(1)采集实况图像。

①双击"In-Sight Explorer"软件,启动视觉标定软件。当相机与计算机在一个网段内后,软件自动查找机器人连接的相机。

②在相机正下方放入标定纸,双击"IS7020 > 设置图像 > 实况视频",相机软件采集出图像,如图 3-4-9 所示。

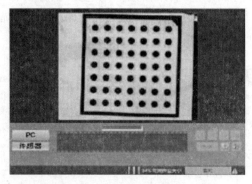

图 3-4-9　获取图像

(2)确定 N 点,输入点位 XY 值。

①点击"定位部件 > 检查部件 > 检验工具 > N 点",相机获取的标定纸上所有点,出现高亮状态,并以浅蓝色进行标注,以供操作者选择,如图 3-4-10 所示。

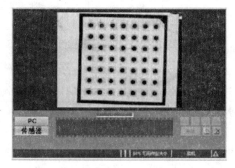

图 3-4-10　显示 N 点

②确定标定点及机器人点位坐标。

用鼠标选择连续的 3×3 圆框共 9 个点,然后在软件右下方输入机器人在这 9 个点的 XY 值,输入完成后单击"设置 > 文件名修改",输入文件名并点击保存,保存坐标参数值。

9 个点的 XY 值可以操作机器人使吸盘正对标定纸上标定中心,通过示教器读取当前机器人的 XY 值,并将读取的值输入到视觉系统标定软件中对应的点位上,如图 3-4-11 所示。

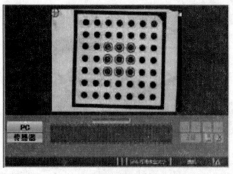

a)确定标定点　　　　　　　　　　　b)机器人获取点位的数值

图 3-4-11　确定标定点

注:N 点不能小于 2×2,即 4 个点。

(3)确定工件图案。

将工件(圆块)放入相机下方,采集图像后单击导航器中"定位部件 > 图案",用紫色框住工件(圆块),单击确定,这样就为相机确定了分拣时采集的工件图案(图 3-4-12)。

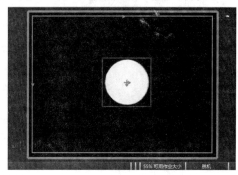

图 3-4-12　定位工件图案

(4)通信设置。

①校准类型确定中,选择"设置图像 > 校准类型选择导入 > 文件名",选择步骤(2)中包含 9 个点坐标值的文件名(图 3-4-13)。

图 3-4-13　导入标定 N 点文件名

②通信端口设置,单击导航器中"通信 > 添加设备 > 其他 > TCP/IP 协议 > 端口",设置通信端口 54600,此端口与通信配置端口必须一致(图 3-4-14)。

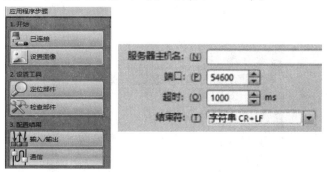

图 3-4-14　设置通信端口

(5)写入需要传输的字符串。

为相机和机器人定义传输的数据格式,单击左下角"绘图工具 > 字符串",弹出字符串编辑窗口。在编辑工具窗口中输入字符串名字,在字符串表达式窗口中输入或选择表达式,如图 3-4-15 所示。

机器人需要得到相机确定的工件位置,因此相机需要将检测到的工件坐标传输给机器人。本弧焊工作站相机传输到机器人的工件坐标数据为 FRAME 数据类型,即 X、Y、Z、A、B、

C,因此需要写入的字符串如表 3-4-2 所示,数据最后以"字符串_7"的格式输出到机器人。

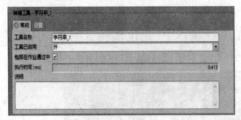

a)输入字符串名   b)输入字符串表达式

图 3-4-15 编辑字符串

字 符 串   表 3-4-2

名 称	字符串表达式	名 称	字符串表达式
X	X.结果	字符串_x	"X = "
Y	Y.结果	字符串_y	"Y = "
Z	Z.结果	字符串_z	"Z = "
A	A.结果	字符串_a	"A = "
B	B.结果	字符串_b	"B = "
C	C.结果	字符串_c	"C = "
Firstword	' < Sensor > < read > < xyzabc'	字符串_6	" < / > < /read > < /Sensor >
字符串_7	Concatenate(firstword.结果,字符串_x.结果,X.结果,字符串_y.结果,Y.结果,字符串_z.结果,Z.结果,字符串_a.结果,A.结果,字符串_b.结果,B.结果,字符串_c.结果,C.结果,字符串_6.结果)		

注:1. X、Y、Z、A、B、C 参数是相机获取的数值,需要在字符串表达式窗口中选择,不能直接输入。

  2. "字符串_7"中的结果输入都必须在窗口中选择,不能直接输入,如"字符串_a.结果"。

  3. 字符串中不得加入非法空格,否则造成数据不能正常传输。

输入的字符串会在窗口右上部的"选择板"窗口中显示,对照表 3-4-2 进行检查校正。如图 3-4-16 所示。

图 3-4-16 字符串输入后显示

(6)格式化字符串。

格式化字符串是将"字符串_7"格式化,作为输出到机器人的数据。

①单击"通信",选择"格式化输出字符串"选项卡,如图 3-4-17 所示。

图 3-4-17 格式化输出字符串

②在弹出窗口中单击"添加 > 字符串_7.结果",如图 3-4-18 所示。

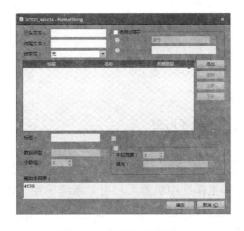

图 3-4-18 添加输出的字符串

③单击"确定"按钮,格式化字符串完成。完成后会在窗口下部的"格式化输出字符串"中,显示相机获取工件实时数据(图 3-4-19)。至此,完成了相机的标定,相机采集到的数据就可以通过以太网传输到机器人控制系统中了。

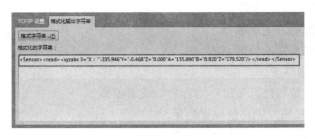

图 3-4-19 输出的工件位置坐标

 任务实施——相机标定

1.任务要求

(1)查看康耐视相机和机器人 IP 地址,确定在同一网段。

(2)标定康耐视相机,并按照 FRAME 数据格式格式化字符串。

2. 任务操作

按照康耐视相机标定的操作流程的操作步骤进行测量。

任务三　后台相机程序编写

任务目标

1. 知识目标

（1）了解 Ethernet 应用包的功能；

（2）熟悉配置以太网连接；

（3）熟悉用于数据交换的函数；

（4）熟悉后台相机程序段定义内容。

2. 教学重点

后台相机程序的编写。

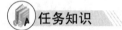
任务知识

一、Ethernet KRL 软件介绍

Ethernet KRL 是 KUKA 公司提供的一套可后续加载的应用程序包，用于基于 TCP/IP 通信协议的数据传输，在本弧焊工作站中机器人和视觉系统采用了该通信协议，因此需要加载软件包，利用软件包实现网络连接、数据传输等功能。使用之前，需要在 WorkVisual 和 KR C 控制柜中预先安装该辅助软件包，按照任务 2.1 中辅助软件包的安装的操作流程进行安装。

（1）Ethernet KRL 软件主要功能。

①通过 EKI 交换数据。

②接收外部系统的 XML 数据。

③将 XML 数据发送给外部系统。

④接收外部系统的二进制数据。

⑤将二进制数据发送给外部系统。

（2）Ethernet 软件特点。

①机器人控制系统和外部系统作为客户端或服务器。

②通过基于 XML 的配置文件配置连接。

③配置"事件信息"。

④通过向外部系统发送 Ping 命令监控连接。

⑤从提交解释器读取和写入数据。

⑥从机器人解释器读取和写入数据。

⑦通过 TCP/IP 协议的数据传输，也可以使用 UDP/IP 协议（不推荐）。

通过 Ethernet KRL，机器人控制系统既能从外部系统接收数据，又能向外部系统发送数据,通信的时间取决于操作变成和发送的数据。系统概览如图 3-4-20 所示。Ethernet KRL 编程时,需要两个步骤:

第一,KUKA 机器人控制系统中,通过 XML 配置以太网连接,针对每一个网络连接,必须配置一个 XML 结构文件。

第二,综合利用数据交换函数(初始化连接、发送数据、读取数据等),编写通信程序,实现设备之间数据交换。

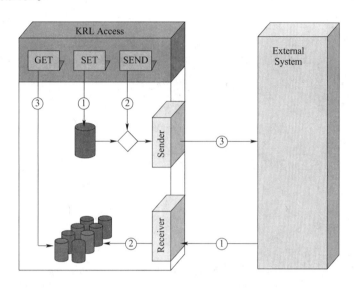

图 3-4-20　系统发送基本流程

二、配置以太网连接

KUKA 机器人基于 TCP/IP 协议通信,必须通过 XML 文件预先配置以太网连接,针对每个连接,必须在机器人控制系统的目录 C:\KRC\ROBOTER\Confing\User\Common\Ethernet KRL 中定义一个配置文件,XML 文件的名称同时也是 KRL 的访问密匙,XML 文件都是"区分大小写"的,因此必须注意区分大小写。

XML 文件分为三个部分,即配置外部系统和 EKI 之间连接、机器人接收数据结构、机器人发送数据结构。每一个项目根据连接 IP 的不同、端口不同、接收和发送数据的不同,需要编制单独的 XML 文件,机器人可以通过 XML 文件准确地与外部设备建立连接,实时传输数据。分拣站中机器人与相机之间建立网络连接,传输相机获取的工件位置坐标 FRAME 数据,其 XML 文件格式如下:

```
<ETHERNETKRL >
    <CONFIGURATION >
        <EXTERNAL >
            <TYPE >SERVER </TYPE >
            <IP >172.31.1.9 </IP >
```

```
        <PORT >54600 </PORT >
    </EXTERNAL >
  <INTERNAL >
        <Messages Display =" disabled"  Logging =" disabled" / >
    </INTERNAL >
  </CONFIGURATION >
  <RECEIVE >
    <XML >
        <ELEMENT Tag =" Sensor/read/xyzabc"  Type =" frame"  >
    </XML >
  </RECEIVE >
  <SEND >
    <XML >
        <ELEMENT Tag =" Robot/B" / >
    </XML >
  </SEND >
</ETHERNETKRL >
```

XML 结构说明见表 3-4-3。

XML 结构说明 表 3-4-3

段　　落	说　　明
< CONFIGURATION > …… </CONFIGURATION >	配置外部系统之间的连接参数和一个接口
< EXTERNAL > …… </ EXTERNAL >	定义外部系统的设置
< INTERRNAL > …… </INTERRNAL >	定义 EKI 的设置
< RECEIVE > …… < RECEIVE >	配置机器人控制系统接收的数据结构
< SEND > …… </SEND >	配置机器人控制系统发送的数据结构

1. 外部系统设置

在段落 < EXTERNAL > … </EXTERNAL > 中定义外部系统的设置, 如表 3-4-4 所示。

外部系统设置 XML 结构说明　　　　　　　　　　　　　表 3-4-4

名　　称	说　　明
TYPE	为定义外部系统为服务器还是客户端
Server	服务器
Client	客户端
IP	Server:如果外部系统定义为服务器,则必须设置与外部系统(服务器)的 IP 地址一致,机器人的 IP 地址应该与之在一个网段里面; Client:如果外部系统类型是客户端,可以忽略 IP 地址的设置
PORT	Server:如果外部系统定义为服务器,则必须与外部系统(服务器)的 PORT 地址一致(1~65534); Client:如果外部系统类型是客户端,可以忽略 PORT 地址的设置

示例分析:

<EXTERNAL >

　　<TYPE >SERVER </TYPE >

　　<IP >172.31.1.9 </IP >

　　<PORT >54600 </PORT >

</EXTERNAL >

(1)定义外部系统(相机)为服务器 SERVER。

(2)172.31.1.9 为相机的 IP 地址,机器人控制系统 IP 应在一个区段内。

(3)54600 位相机的端口地址。

2. 机器人接口设置

在段落 <INTERRNAL >…</INTERRNAL >中定义 EKI(Ethernet KRL Interface 以太网 KRL 接口)的设置,如表 3-4-5 所示。

机器人部分接口设置 XML 结构说明　　　　　　　　　表 3-4-5

元　素	属　性	说　明
MESSAGE	Logging	禁用在 EKI 日志中写入信息(可选): ①warning:记录警告信息和错误信息; ②error:仅记录错误信息; ③disabled:记录已禁用。 默认值:error
	Display	禁用 smartHMI 上的输出信息(可选): ①error:信息输出已激活; ②disabled:信息输出已被禁用。 默认值:error

示例分析:

<INTERNAL >

　　<Messages Display =" disabled" Logging =" disabled" / >

</INTERNAL >

(1)不将连接产生的记录(警告、错误等)写入日志中。

(2)示教器上禁用输出信息。

3. 机器人数据接收和发送 XML 格式

机器人数据接收和发送的 XML 结构是一致的,如表3-4-6 所示。

部分数据接收和发送 XML 结构说明 表3-4-6

元　素	属　性	说　明
ELEMENT	Tag	传送参数名称: 在这里定义数据接收 XML 结构
	Type	传送参数数据类型: ①STRING　字符串; ②REAL　　实数; ③INT　　　整数; ④BOOL　　布尔; ⑤FRAME　X、Y、Z、A、B、C 结构体
	Set_Out	接收到参数后设置输出 1~4096
	Set_Flag	接收到参数后设置标志 1~1024

示例分析:

<RECEIVE >

　　<XML >

　　　　<ELEMENT Tag ="Sensor/read/xyzabc" Type ="frame" / >

　　</XML >

</RECEIVE >

<SEND >

　　<XML >

　　　　<ELEMENT Tag ="Robot/B" / >

　　</XML >

</SEND >

(1)接收的传送参数名称为"Sensor/read/xyzabc",与相机里面格式化字符串名称一样,否则不能读取,同时定义了 XML 的数据结构为 xyzabc.

(2)参数类型为 FRAME 结构体。

三、数据交换函数

1. EthernetKRL 提供的数据交换函数

EthernetKRL 为机器人控制器与外部系统之间提供了数据交换功能,应用软件集成了连接函数、写数据函数、读数据函数、错误检测函数及内存处理函数,实现机器人与外部数据交换。

（1）连接函数。

连接函数由初始化、打开、关闭和删除连接四个函数构成,函数功能如表3-4-7所示。

连 接 函 数 表3-4-7

RET = EKI_Init(CHAR[ ])	
功能	初始化一个通道,用于进行以太网通信,将执行下列操作: ①读入连接配置; ②创建数据存储器; ③准备以太网连接
参数	类型:CHAR;通道名称(包含连接配置的 XML 文件名称)
RET	类型:EKI_STATUS;函数的返回值
RET = EKI_Open(CHAR[ ])	
功能	打开初始化的通道; EKI 配置为客户端时,EKI 将与外部系统(服务器)连接; EKI 配置为服务器时,EKI 将等待外部系统(客户端)的连接问询
参数	类型:CHAR;通道名称
RET	类型:EKI_STATUS;通道名称(包含连接配置的 XML 文件名称)
RET = EKI_Close(CHAR[ ])	
功能	关闭连接
参数	类型:CHAR;通道名称(包含连接配置的 XML 文件名称)
RET	类型:EKI_STATUS;函数返回值
RET = EKI_Clear(CHAR[ ])	
功能	删除一个通道及所有相关数据存储器,退出以太网连接
参数	类型:CHAR;通道名称(包含连接配置的 XML 文件名称)
RET	类型:EKI_STATUS;函数返回值

（2）写数据函数。

写数据函数是机器人控制系统向外部发送数据的函数,函数如表3-4-8所示。

写 数 据 函 数 表3-4-8

EKI_STATUS = EKI_SetReal(CHAR[ ], CHAR[ ], REAL)
EKI_STATUS = EKI_SetInt(CHAR[ ], CHAR[ ], INT)
EKI_STATUS = EKI_SetBool(CHAR[ ], CHAR[ ], BOOL)
EKI_STATUS = EKI_SetFrame(CHAR[ ], CHAR[ ], FRAME)
EKI_STATUS = EKI_SetString(CHAR[ ], CHAR[ ], CHAR[ ])

（3）读数据函数。

读数据函数是机器人从外部读取数据的函数,函数如表3-4-9所示。

读 数 据 函 数   表 3-4-9

EKI_STATUS = EKI_GetFrame(CHAR[ ], CHAR[ ], FRAME)	
功能	从存储器读取 FRAME 类型的数值
参数	参数1:类型 CHAR;打开通道名称; 参数2:类型 CHAR; XML 结构中的位置名称; 参数3:从存储器中读取的数值
返回值	类型:EKI_STATUS;函数的返回值
EKI_STATUS = EKI_GetFrameArray(CHAR[ ], CHAR[ ], FRAME[ ])	
EKI_STATUS = EKI_GetBool(CHAR[ ], CHAR[ ], BOOL)	
EKI_STATUS = EKI_GetBoolArray(CHAR[ ], CHAR[ ], BOOL[ ])	
EKI_STATUS = EKI_GetInt(CHAR[ ], CHAR[ ], INT)	
EKI_STATUS = EKI_GetIntArray(CHAR[ ], CHAR[ ], INT[ ])	
EKI_STATUS = EKI_GetReal(CHAR[ ], CHAR[ ], REAL)	
EKI_STATUS = EKI_GetRealArray(CHAR[ ], CHAR[ ], REAL[ ])	
EKI_STATUS = EKI_GetString(CHAR[ ], CHAR[ ], CHAR[ ])	

(4)检测及内存函数。

错误检测函数主要检测是否出错;内存函数主要实现清除、锁定、解锁和检查内存,函数如表 3-4-10 所示。

检测及内存函数   表 3-4-10

EKI_CHECK(EKI_STATUS, EKrlMsgType, CHAR[ ])
EKI_STATUS = EKI_Clear(CHAR[ ])
EKI_STATUS = EKI_ClearBuffer(CHAR[ ], CHAR[ ])
EKI_STATUS = EKI_Lock(CHAR[ ])
EKI_STATUS = EKI_Unlock(CHAR[ ])
EKI_STATUS = EKI_CheckBuffer(CHAR[ ], CHAR[ ])

2.分拣站通信子程序

分拣站为了实现机器人与相机的通信,编写了 XML 文件(名称:XmlSeverver_client)和 xmlserver_client 通信子程序,通信子程序的功能是建立连接、读取相机数据,程序清单如图 3-4-21 所示。

```
 6 ⊟ DEF xmlserver_client( )
 7 ⊞ DECLARATION
10 ⊞ INI
22
23   RET=EKI_Init("XmlServer_client")
24   RET=EKI_Open("XmlServer_client")
25   EKI_CHECK(RET,# QUIT)
26   wait sec 1
27   RET=EKI_GetFrame("XmlServer_client","Sensor/read/xyzabc",p_catch)
28   wait sec 0.5
29   RET=EKI_Close("XmlServer_client")
30   RET=EKI_Clear("XmlServer_client")
31  └END
```

图 3-4-21 通信子程序

程序解析如表 3-4-11 所示。

通信子程序程序解析　　　　　　　　　　　　　　　　表 3-4-11

程序行	说　　　明
P23	初始化连接"XmlSeverver_client"
P24	打开连接"XmlSeverver_client"
P25	检查连接"XmlSeverver_client"是否有错误信息
P27	读取连接"XmlSeverver_client"数据,参数名"Sensor/read/xyzabc",并将读取的参数赋予 FRAME 变量"p_catch"中
P29	关闭连接"XmlSeverver_client"
P30	清除连接"XmlSeverver_client"

注:1. 从程序段中可以看出,通信程序典型结构是初始化连接、打开连接、检查错误、读取/写入数据、关闭连接和清除连接。

2. 连接函数及读取函数的参数都是指向 XML 文件名 XmlSeverver_client。

3. 在 XML 中禁用信息输出记录,因此在程序中调用错误检查函数(EKI_CHECK),检查在运行函数时是否出错。

4. 程序中读取相机参数函数是 EKI_GetFrame,参数名为"Sensor/read/xyzabc"。

课 后 习 题

一、填空题

(1) 不同控制器和设备支持不同的通信接口,常见的通信协议主要包括_____、_____及_____。其中传输速度最快、数据可达性强的是_____。

(2) 康耐视相机标定步骤主要分为三部分,分别是_____、_____和_____。

(3) 后台相机 XML 程序结构包括_____、_____、_____三部分。

(4) 连接函数包括_____、_____、_____、_____四种。

二、选择题

(1) 现场总线网络是连接智能现场设备和自动化系统的通信网络,主要包括以下(　　)

  A. Ethernet/IP B. EtherCat C. PROFINET D. 串行通信

(2) 视觉系统和机器人采用以太网(Ethernet)进行连接,机器人和视觉系统必须在同一网段内,机器人的 IP 地址是 169.254.71.5,下面能与机器人进行连接的视觉系统 IP 地址是(　　)。

  A. 169.254.71.6   B. 169.254.100.5

  C. 169.255.71.6   D. 169.254.72.3

(3) 机器人的 IP 地址设置在 KUKA 机器人示教器主菜单下(　　)。

  A. 配置 B. 显示 C. 投入运行 D. 文件

三、判断题

(1) 相机采集标定纸上的点位可以是 2 个点。　　　　　　　　　　　　　　(　　)

(2) 相机的格式化字符串是为相机和机器人定义传输数据格式。　　　　　　(　　)

四、简答题

(1) 简述康耐视相机标定流程。

(2) 简述机器人接口设置程序定义。

(3) 简述四个连接函数的作用。

项 目 小 结

　　本项目包括三个学习任务。第一个任务主要讲解通信的种类和协议,视觉系统和机器人通信 IP 地址的设置,学生需了解典型通信的种类和协议,建立机器人与视觉系统的以太网 IP 设置,完成机器人与视觉系统的连接。第二个任务主要讲解视觉系统的标定流程、方法以及步骤,学生需掌握视觉系统的标定步骤和方法,熟悉标定的流程,根据不同的分拣要求,对视觉系统进行标定。第三个任务讲解 Ethernet KRL 程序包功能、XML 文件结构及 EthernetKRL 数据交换函数,学生主要了解 EthernetKRL 程序包功能,熟悉 XML 文件结构和数据交换函数,并通过分拣站的通信子程序分析典型的程序结构,具备一定的程序识读能力。

项目五 分拣编程

知识导图

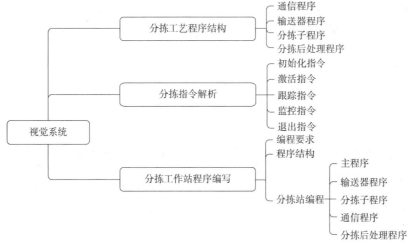

项目导入

分拣机器人分拣工件时,需要准确完成示教模式下的运动轨迹示教,采用输送带专用控制指令和运动轨迹指令进行编程。KUKA 机器人 Conveyor 应用包提供了进入分拣示教模式的指令(CONVEYOR. INI_OFF、CONVEYOR. ON、CONVEYOR. FOLLOW、CONVEYOR. SKIP、CONVEYOR. QUIT),指令中包含初始化输送器,激活 AMI,跟踪输送器上的工件,以及紧急情况退出输送器,综合应用五个专用指令完成示教轨迹的编程。

在分拣过程中,由于分拣的效率、工件速度等参数不同,分拣工艺参数也是不同的,本项目将对分拣示教流程、工艺程序结构、常用指令解析以及分拣程序的编写进行讲解。

学习目标

1. 知识目标

(1)掌握分拣轨迹的示教编程;

(2)熟悉分拣工艺参数设置;

(3)熟悉示教模式编程。

2. 情感目标

(1)锻炼动手能力,激发兴趣,培养工艺技术的钻研精神;

(2)分工合作,培养团队精神,养成规范操作的工作习惯。

任务一 分拣工艺程序结构

 任务目标

1. 知识目标

(1) 熟悉分拣工艺程序结构;

(2) 熟悉分拣作业前的检查准备工作。

2. 教学重点

(1) 分拣示教编程的操作流程;

(2) 分拣作业前的检查准备工作。

 任务知识

一、分拣工艺程序结构

本分拣站的分拣程序结构如图3-5-1所示,主体程序结构由主程序、通信程序、输送器程序、分拣子程序及分拣后处理程序组成。

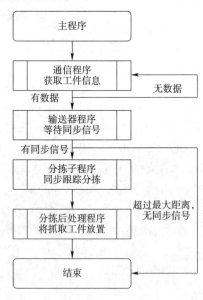

图 3-5-1 分拣程序结构

1. 通信程序

通信程序(参见项目十二中的通信子程序)实现机器人读取相机数据,当工件在输送带上进入相机范围,相机获取工件位置数据,并将数据传输到机器人;如果无工件,相机数据为0。

2. 输送器程序

输送器程序是在机器人接收到相机信息后执行的,循环等待工件触发同步信号。当工件触发同步信号后,程序指针从输送器程序跳转到分拣子程序进行分拣操作。

Conveyor Tech 应用软件包提供了五个输送器联机表单(CONVEYOR. INI_OFF、CONVEYOR. ON 、CONVEYOR. FOLLOW、CONVEYOR. SKIP、CONVEYOR. QUIT),其中CONVEYOR. INI_OFF是初始化输送器指令,CONVEYOR. ON 是激活输送器指令,CONVEYOR. FOLLOW 是等待同步信号、实现程序跳转至分拣子程序的指令,CONVEYOR. SKIP 是选择性跟踪工件指令,CONVEYOR. QUIT 是退出输送器范围指令。输送器程序综合应用五条联机表单,实现工件的同步跟踪。

3. 分拣子程序

当同步信号触发工件跟踪后,程序进入分拣子程序。分拣子程序移动机器人至同步信号出发点(P1),跟踪抓取工件位置(P2),将抓取到的工件提升至P3,然后跳出分拣子程序。分拣子程序示教点位如图3-5-2所示。

根据图3-5-2示教点位进行机器人运动轨迹示教,示教分析如表3-5-1所示。

图3-5-2　分拣子程序示教点位

分拣子程序示教分析　　　　　　　　表3-5-1

序号	轨 迹 说 明	使 用 指 令
1	进入示教模式	
2	TCP 移向分拣的起始位置(同步信号触发点),确定 P1	LIN
3	从 P1 点移开,以直线方式将 TCP 往后延伸 180～200mm,确定 P2	LIN
4	以 P2 点为中心,往上移动150mm 左右,确定 P3	LIN

4. 分拣后处理程序

当机器人从低输送器上抓取工件后,程序进入分拣后处理程序,将抓取的工件放置到高输送器上。

二、分拣作业前的准备工作

图3-5-3　输送带电机操作面板

1. 检查输送带跟踪测量和视觉系统标定

按照分拣流程要求,需要对输送带跟踪测量和视觉的标定进行检测,防止机器人通信和测量误差过大。

2. 检查输送带运行状态

输送带电机有两种工作模式,包括 FWD(正转)和 REV(反转)模式,机器人进行分拣时,需要调节电机的转速以及控制电机的正反转,均可以通过控制面板来实现电机控制(图3-5-3)。

3. 调节相机光源

如图3-5-4 所示,机器人分拣站视觉系统采用康耐视相机,在分拣前需按照分拣工作环境,调节相机光源,使相机能够准确地捕捉到工件。

4. 检查真空吸盘的功能

如图 3-5-5 所示, 真空吸盘是一种带密封唇边的吸盘, 与被吸物体接触后形成一个临时的密封空间, 通过抽走或者稀释密封空间里面的空气, 实现吸住元件。本工作站真空吸盘通过两个端口进行控制(102 和 105), 其中吸住工件条件是 102 FALSE、105 TRUE, 放工件条件是 102 TRUE、105 FALSE。

图 3-5-4　相机光源调节

图 3-5-5　真空吸盘

 任务实施——分拣准备调试

1. 任务要求

按照分拣作业要求, 做好分拣前的准备和调试工作, 如表 3-5-2 所示。

分拣前调试工作　　　　　　　　　　　　　　　表 3-5-2

序　　号	调 试 工 作	序　　号	调 试 工 作
1	调节相机光源	3	检验输送带位移
2	调节输送带电机	4	调节吸盘

2. 任务操作

(1) 调整光源控制器上的旋转式旋钮, 调节相机光源的大小(图 3-5-4)。

(2) 使用电机控制面板按键, 调节电机的转速和方向, 观察输送带运转方向是否正确(图 3-5-6)。

REV: 向后运动;

FWD: 向前运动;

STOP: 停止。

(3) 在测量输送器之后, 对已测量的传送带位移检验, 该位移保存在变量 CAL_DIG[x]中, 单击机器人"显示 > 变量 > 单个"(图 3-5-7)。

(4) 弹出"单项变量显示", 在名称框中输入"CAL_DIG[x]", 然后单击刷新, 即可获得传送带位移量数据(图 3-5-8)。

图 3-5-6　操作步骤(2)

(5) 机器人 SMC 真空吸盘由两个端口控制, 吸: 102 FALSE; 105 TRUE。放: 102 TRUE; 105 FALSE, 选择"显示 > 输入/输出端 > 数字输入/输出端"(图 3-5-9)。

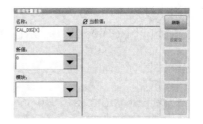

图 3-5-7 操作步骤(3)　　　　　　　　　图 3-5-8 操作步骤(4)

(6)弹出"数字输入/输出端"窗口,按照步骤 4 中的端口组合,选中需要激活的端口,单击"值"键来检验吸盘的"吸""放"功能是否正常(图 3-5-10)。

图 3-5-9 操作步骤(5)　　　　　　　　　图 3-5-10 操作步骤(6)

任务二　分拣指令解析

任务目标

1. 知识目标

(1)掌握输送器基本指令;

(2)熟悉输送器指令联机表单的各项参数功能,掌握参数的设置。

2. 教学重点

输送器基本指令。

任务知识

一、输送器指令

KUKA 机器人 Conveyor 分拣工艺包提供了五条基本的分拣指令,分别是 CONVEYOR. INI_OFF(初始化输送器)、CONVEYOR. ON(激活 AMI)、CONVEYOR. FOLLOW(跟踪工件范围)、CONVEYOR. SKIP(监控(接纳)工件)、CONVEYOR. QUIT(退出输送器)。

1. 初始化指令 CONVEYOR. INI_OFF

CONVEYOR. INI_OFF 指令初始化输送器。为此,要将 AMI 设置为状态#INITIALIZED,

并将输送器间距设置为 0。

在图 3-5-11 中,CONVEYOR. INI_OFF 指令联机表单图示参数含义如表 3-5-3 所示。

图 3-5-11　CONVEYOR. INI_OFF 指令

CONVEYOR. INI_OFF 参数含义表　　　　　　　　　　表 3-5-3

参 数 序 号	参 数 含 义
①	输送器: 可用的输送器可在 WorkVisual 中配置,输送器的名称可在 WorkVisual 中更改

2. 激活指令 CONVEYOR. ON

CONVEYOR. ON 指令可以激活选中的输送器,也就是设置为状态#ACTIVE。如果已激活,将在接口 X33 的输入端(快速测量)上分析同步信号。

可以在后台识别输送器的错位,此时机器人控制系统可执行其他的任务。这实现了机器人跳跃式跟踪输送器上的工件。可以用系统变量 $SEN_PREA_C[ ]$ 监控输送器间距。

在图 3-5-12 中,CONVEYOR. ON 指令联机表单图示参数含义如表 3-5-4 所示。

图 3-5-12　CONVEYOR. ON 指令

CONVEYOR. ON 参数含义表　　　　　　　　　　表 3-5-4

参 数 序 号	参 数 含 义
①	输送器: 可用的输送器可在 WorkVisual 中配置,输送器的名称可在 WorkVisual 中更改

3. 跟踪指令 CONVEYOR. FOLLOW

CONVEYOR. FOLLOW 指令实现了通过机器人跟踪输送器上的工件。用该指令可以在输送器上确定一个机器人开始跟踪工件的范围。

注:只有在用指令 ON 激活输送器后,才能执行该指令。

在图 3-5-13 中,CONVEYOR. FOLLOW 指令联机表单图示参数含义如表 3-5-5 所示。

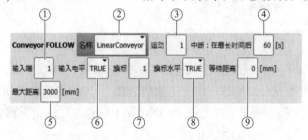

图 3-5-13　CONVEYOR. FOLLOW 指令

CONVEYOR. FOLLOW 参数含义表　　　　　　　　　　　　　　表 3-5-5

参 数 序 号	参 数 含 义
①	数字输入端的编号： 可中断指令执行的数字输入端
②	输送器： 可用的输送器可在 WorkVisual 中配置。输送器的名称可在 WorkVisual 中更改
③	运动组的编号： 可以为每个输送器编程两个不同的运动组
④	最长的等候时间(单位:s)： 可以规定等待同步化的最长时间。输入的时间结束后,中断执行指令
⑤	机器人可以开始与工件进行同步的工件最大移动距离： ①线性输送器:参数单位为 mm; ②环形输送器:参数单位为(°)
⑥	逻辑电平： ①TRUE; ②FALSE。 如果在已配置的数字输入端(位置3)上出现输入的值,则中断指令的执行
⑦	旗标的编号： 可中断指令执行的旗标
⑧	逻辑电平： ①TRUE; ②FALSE。 如果在已配置的旗标(位置6)上出现输入的值,则中断指令的执行
⑨	机器人开始跟踪输送器上的工件前,机器人等待的工件移动距离： ①线性输送器:参数单位为 mm; ②环形输送器:参数单位为(°)

4. 监控指令 CONVEYOR. SKIP

CONVEYOR. SKIP 指令可规定应当接纳哪些工件、例如每 2 个工件,每 3 个工件等。总共可在后台监控最多 1024 个工件。

在图 3-5-14 中,CONVEYOR. SKIP 指令联机表单图示参数含义如表 3-5-6 所示。

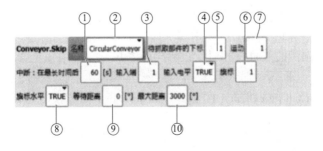

图 3-5-14　CONVEYOR. SKIP 指令

CONVEYOR. SKIP 参数含义表   表 3-5-6

参 数 序 号	参 数 含 义
①	最长的等候时间(单位:s): 可以规定等待同步化的最长时间。输入的时间结束后,中断执行指令
②	输送器: 可用的输送器可在 WorkVisual 中配置。输送器的名称可在 WorkVisual 中更改
③	数字输入端的编号: 可中断指令执行的数字输入端
④	逻辑电平: ①TRUE; ②FALSE。 如果在已配置的数字输入端(位置4)上出现输入的值,则中断指令的执行
⑤	输入的数字规定表示应当接纳哪些工件。 示例: ①1:接纳所有工件; ②3:每3个工件接纳一个; ③5:每5个工件接纳一个
⑥	旗标的编号: 可中断指令执行的旗标
⑦	运动组的编号: 可以为每个输送器编程两个不同的运动组
⑧	逻辑电平: ①TRUE; ②FALSE。 如果在已配置的旗标(位置8)上出现输入的值,则中断指令的执行
⑨	机器人开始跟踪输送器上的工件前,机器人等待的工件移动距离。 线性输送器:参数单位为 mm; 环形输送器:参数单位为(°)
⑩	机器人可以开始与工件进行同步的工件最大移动距离: 线性输送器:参数单位为(mm); 环形输送器:参数单位为(°)

5. 退出指令 CONVEYOR. QUIT

CONVEYOR. QUIT 指令可以规定,机器人是否在以下情况下从输送器范围内驶出:

(1)在同步运动时急停。

(2)到达机器人作为同步运动可移动的最长传送带位移。

注:该运动是不同步的并且将相对于世界坐标系执行。必须在子程序 CONV_QUIT 中编程设定。

在图 3-5-15 中,CONVEYOR. QUIT 指令联机表单图示参数含义如表 3-5-7 所示。

图 3-5-15 CONVEYOR. QUIT 指令

CONVEYOR. QUIT 参数含义表 表 3-5-7

参 数 序 号	参 数 含 义
①	输送器: 可用输送器可在 WorkVisual 中配置输送器的名称可在 WorkVisual 中更改
②	TRUE:在已编程的确认运动语句之后,停止程序运行; FALSE:不停止程序运行

二、输送器跟踪指令程序示例

输送器程序有基本固定格式,必须包括初始化、激活、跟踪/跳转、退出指令,跟踪程序示例如下:

```
2   INI
3   CONV INI
4
5   PTP HOME Vel =100 % DEFAULT
6   PTP P5 Vel =10 % PDAT2 Tool[1] Base[0]
7
8   LOOP
9
10  PTP P7 Vel =10 % PDAT4 Tool[1] Base[0]
11
12  Conveyor. INI_OFF LinearConveyor1
13  Conveyor. ON LinearConveyor1
14  Conveyor. FOLLOW LinearConveyor1, Movement 1, Cancel on:
Max_time 240, Input 1, Input -Level TRUE, Flag 1,
Flag -Level TRUE, WaitDist 100, MaxDist 1500
15  Conveyor. Quit LinearConveyor1, Stop after error FALSE
16
17  ENDLOOP
18  END
19
20  DEF CONV_MOV(Z_CONV_NBR:IN,Z_MOV_NBR:IN)
21  INI CONV_MOV
22
23  CONVEYOR 1 MOVEMENT GROUP 1
24  LIN P2 Vel =0.3 m/s CPDAT1 Tool[1] Base[1]:LinearConveyor1
25  LIN P3 Vel =0.3 m/s CPDAT2 Tool[1] Base[1]:LinearConveyor1
26
```

27 CONVEYOR 1 MOVEMENT GROUP 2

分析：

（1）程序段 12～14 为输送器跟踪程序典型结构，包括初始化、激活、跟踪、退出指令，指令的顺序不得改变。

（2）同步信号触发后的跟踪子程序（分拣子程序）为 23 行"CONVEYOR 1 MOVEMENT GROUP 1"，分拣程序在此示教。

任务三　分拣工作站程序编写

任务目标

1. 知识目标

掌握分拣站示教程序编写方法。

2. 教学重点

分拣示教编程。

任务知识

1. 分拣工作站（图 3-5-16）编程要求

（1）高输送器上料：将工件放置到高平带输送器处。

（2）输送装置输送工件：输送器将工件从高处运输到低输送带上，低输送带将工件向前输送。

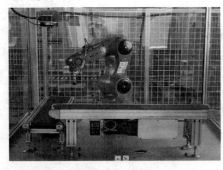

图 3-5-16　分拣工作站

（3）智能相机拍摄：当工件经过智能相机时，智能相机将工件拍下，并把工件的信息发送给机器人控制系统。

（4）同步信号触发器：当工件经过同步信号时，同步信号被触发，并把信息传输给机器人，机器人程序进入分拣流程。

（5）机器人将工件分拣至高位输送带：机器人根据智能相机和同步信号以及编码器传输过来的信息将工件分拣至高位输送器上。

2. 程序结构

根据分拣站工艺要求，分拣站程序包括主程序、通信程序、输送器程序、分拣子程序、分拣后处理程序，如图 3-5-17 所示。

3. 分拣站编程

（1）主程序。

新建分拣主程序"test"。在机器人文件目录下，选择"R1 > Program"新建分拣作业文件，单击"新"进行创建程序块。在导航器中选择输送器模板"Conveyor"，单击"OK"后输入文件名"test",完成新建程序,见图3-5-18。

图3-5-17 分拣站程序组成

图3-5-18 新建分拣程序

(2)编写输送器程序。

在进行示教机器人轨迹运动之前,需要添加输送器指令,使程序可以进入"示教模式",完成机器人轨迹运动编程。

注:输送器指令须添加到指定位置,按照固定指令顺序,不可改变结构或者随意添加。

①打开创建好的程序块"test",确定添加输送器程序位置在LOOP ~ ENDLOOP之间。选中LOOP ~ ENDLOOP之间的程序行,单击"指令 > Conveyor > Inoff",在联机表单中选择测量过的线性输送器"LinearConveyor1",如图3-5-19所示。

a)打开程序界面　　　　　　　　b)选择Inoff指令

图3-5-19 选择指令 Inoff

②在联机表单中选择参数,然后单击"指令 OK",完成指令的添加,如图 3-5-20 所示。

③同理,添加指令"On""Follow""Quit",完成指令参数的配置,如图 3-5-21 所示。

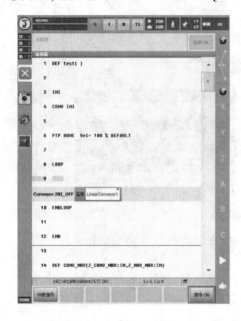

图 3-5-20 添加 Inoff 指令

图 3-5-21 输送器程序

(3)分拣子程序示教编程。

在示教编写程序时,应选择 T1 运行模式,并将示教速度调至 30%。

①以选定模式打开主程序"test",在 T1 模式下运行程序,同时将工件放在输送器上启动输送器。待同步信号触发后,立即停止输送器运动,此时示教器弹出一个提示窗口,提示"是否需要示教模式",单击"是"进入示教模式,为分拣子程序示教点位,如图 3-5-22 所示。

②程序自动跳入子程序 CONV_MOV 中,可以松开使能键和运行键,开始进行示教轨迹编程,将工件触发同步信号的位置作为点"P1",如图 3-5-23 所示。

③将机器人沿输送带运行方向移动 150～200mm 后停下输送器,将工件的位置作为点"P2",如图 3-5-24 所示。

④将机器人沿垂直于输送带的上方移动 150mm 左右,确定点"P3",如图 3-5-25 所示。

⑤添加完成后,即完成分拣子程序同步抓取运行轨迹的编程,添加结果如图 3-5-26 所示。同步运动轨迹编程必须在子程序 CONV_MOV 中完成。

(4)通信程序。

调用通信子程序 XMLserver_client( ),建立机器人与相机之间的通信连接,获取相机采集的工件位置,并通过一个 IF 语句和一个跳转语句来判断是否有工件在相机范围。若相机范围有工件,则程序向下执行进入输送器程序段,若无则循环判断,如图 3-5-27 所示。

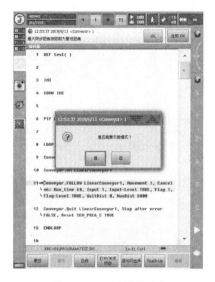

图 3-5-22　进入示教模式

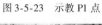

图 3-5-23　示教 P1 点

图 3-5-24　示教 P2 点

图 3-5-25　示教 P3 点

图 3-5-26　分拣子程序

```
LOOP
mark：
  XMLserver_client( )
if( p_catch. x = =0 ) and( p_catch. y = =0 ) then
goto mark
endif
```

图 3-5-27　通信程序段

在图 3-5-27 中：

①XMLserver _client( )通信子程序，读取工件 FRAME 坐标值，并赋予 P_catch 变量。

②P_catch 为机器人定义的 FRAME 全局变量。

（5）为分拣子程序中添加工件坐标数据。

在子程序 CONV_MOV（分拣子程序）中将储存相机采集到位置数据变量 p_catch 的 Y 值传输给点 P1、P2，并添加吸盘动作，吸住工件。程序段如图 3-5-28 所示。

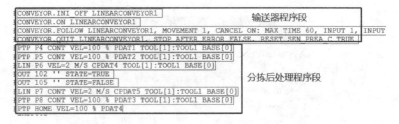

图 3-5-28　分拣子程序赋值

（6）分拣后处理程序。

分拣后处理程序是实现将分拣子程序吸住的工件运送到高输送器上，程序段写在主程序中输送器程序段之后。程序段如图 3-5-29 所示。

```
CONVEYOR.INI OFF LINEARCONVEYOR1                                              输送器程序段
CONVEYOR.ON LINEARCONVEYOR1
CONVEYOR.FOLLOW LINEARCONVEYOR1, MOVEMENT 1, CANCEL ON: MAX TIME 60, INPUT 1, INPUT
CONVEYOR.QUIT LINEARCONVEYOR1, STOP AFTER ERROR FALSE, RESET SEN PREA C TRUE
PTP P4 CONT VEL=100 % PDAT1 TOOL[1]:TOOL1 BASE[0]
PTP P5 CONT VEL=100 % PDAT2 TOOL[1]:TOOL1 BASE[0]
LIN P6 VEL=2 M/S CPDAT4 TOOL[1]:TOOL1 BASE[0]
OUT 102 '' STATE=TRUE                                                         分拣后处理程序段
OUT 105 '' STATE=FALSE
LIN P7 CONT VEL=2 M/S CPDAT5 TOOL[1]:TOOL1 BASE[0]
PTP P8 CONT VEL=100 % PDAT3 TOOL[1]:TOOL1 BASE[0]
PTP HOME VEL=100 % PDAT4
```

图 3-5-29　分拣后处理程序段

（7）编写完成后的程序清单。

分拣站编写完成后程序清单如图 3-5-30 所示。

任务实施——分拣站程序编制

1. 任务要求

按照前文所述的分拣站工艺流程，编写分拣站程序，示教分拣站运动轨迹，实现工件在低传送带上抓取，然后放置到高传送带，循环作业。

2. 任务操作

按照本任务中的步骤要求进行程序编写和轨迹示教。

图 3-5-30 分拣站程序清单

课 后 习 题

一、填空题

（1）在分拣编程时，使用工件跟踪指令，请分析指令的参数含义。

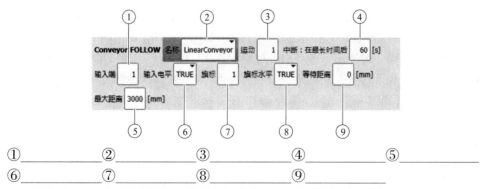

①_____ ②_____ ③_____ ④_____ ⑤_____

⑥_____ ⑦_____ ⑧_____ ⑨_____

（2）分拣站编程时，当触发同步信号后，程序自动跳转到分拣子程序_____，同步运动轨迹编程必须在分拣子程序中进行。

二、选择题

（1）Converyor Tech 应用如那件包提供的输送器联机表单是（　　）。

　A. CONVEYOR. INI_OFF　　　　　　B. CONVEYOR. ON

　C. CONVEYOR. FOLLOW　　　　　　D. CONVEYOR. SKIP

　E. CONVEYOR. QUIT

（2）在输送器联机表单中实现选择性跟踪工件指令的是（　　）。

　A. CONVEYOR. INI_OFF　　　　　　B. CONVEYOR. ON

　C. CONVEYOR. FOLLOW　　　　　　D. CONVEYOR. SKIP

（3）在分拣编程时，为了自动调入输送带程序结构，新建主程序应选择程序类型为（　　）。

　A. Modul　　　　B. Converyor　　　　C. Expert　　　　D. Function

（4）在新建的主程序中，输送器程序位置应在 LOOP-ENDLOOP 之间，下面描述指令 LOOP-ENDLOOP 正确的是（　　）。

　A. 当循环指令　　　　　　　　　　B. 直到型循环指令

　C. 无限循环指令　　　　　　　　　D. 计数循环指令

（5）分拣站编程时，跟踪工件，触发同步信号进入分拣子程序的指令是（　　）。

　A. CONVEYOR. INI_OFF　　　　　　B. CONVEYOR. ON

　C. CONVEYOR. FOLLOW　　　　　　D. CONVEYOR. SKIP

三、简答题

（1）简述分拣作业前的准备工作。

（2）简述输送器跟踪典型程序中，输送器指令联机表单常用结构顺序。

（3）简述本项目中工业机器人分拣站的典型程序构成及功能。

项 目 小 结

本项目包括三个学习任务。第一个任务主要讲述工业机器人分拣程序构成、分拣作业流程及分拣前的准备工作，学生需了解分拣工作站的工艺流程和程序结构，熟悉分拣准备工作，为分拣工艺实施和程序编写做准备。第二个任务主要讲述基本分拣指令、指令联机表单参数说明，学生主要学习五个分拣联机表单指令（CONVEYOR. INI_OFF、CONVEYOR. ON、CONVEYOR. FOLLOW、CONVEYOR. SKIP、CONVEYOR. QUIT），理解分拣指令的含义，掌握分拣参数的配置。第三个任务讲述分拣站程序的编写相关知识，学生学习分拣工作编程基本逻辑和编程思维，通过实操练习，掌握编程方法和流程，为以后操控机器人应用站奠定基础。

模块四　工业机器人码垛工作站系统集成

项目一　码垛工作站的认知

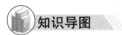
知识导图

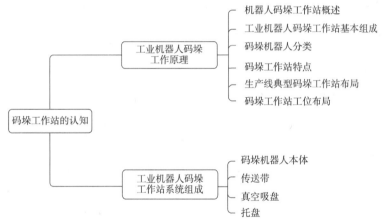

项目导入

　　码垛是将物品整齐地堆放在一起,便于运输和包装。工业机器人码垛工作站是机械与计算机程序有机结合的产物,实现了生产过程中自动码垛和卸垛,节省了空间,解放了劳动力,提高了生产效率。本项目将学习码垛工作站的工作原理、码垛机器人分类、工业机器人码垛站系统组成等方面。

学习目标

1. 知识目标

(1)熟悉码垛的工作原理;

(2)熟悉工业机器人码垛工作站结构和功能。

2. 情感目标

(1)增长见识,激发学习的兴趣;

(2)关注我国码垛机器人行业,初步了解码垛机器人工作原理及设备组成,学习工业机器人码垛站系统集成的思路,培养团队协作精神,树立为我国机器人的应用及发展努力学习的目标。

任务一　工业机器人码垛工艺原理

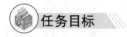 **任务目标**

1.知识目标

(1)熟悉机器人码垛工作站的基本组成;

(2)了解码垛机器人分类及特点;

(3)了解码垛生产线中机器人布局。

2.教学重点

(1)机器人码垛工作站基本组成;

(2)码垛机器人分类。

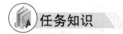 **任务知识**

一、机器人码垛工作站概述

码垛是将物品整齐地堆放在一起,以便于其运输和包装。现代工业生活中,随着工业水平的不断提高,生产过程的流水线操作不断增多,各类机器人在生产中得到了广泛运用,提高了工业生产的自动化、智能化、标准化,推进了工业化进程,因此以机器人为主体的码垛工作站在行业中应用广泛。

码垛机器人是码垛工作站的核心设备,其结构简单,可以依附现场环境和生产线要求来设置,不仅可以充分利用工作环境的空间,而且提高了物料的搬运能力,大大节约了码垛过程中的作业时间,提高了码垛效率。

二、工业机器人码垛工作站基本组成

典型码垛机器人工作站主要由码垛机器人本体、机器人控制系统、末端执行器(气爪、抓手等)、气体发生器、真空装置、传送装置、检测机构等组成(图4-1-1),可按照不同的物料包装、码垛垛形、层数等要求进行参数设置,实现不同包装物料的码垛作业。

码垛机器人的末端执行器是夹持物品移动的一种装置,是实现机器人与物体接触的执行机构,其结构常见形式有吸附式、夹板式、抓取式、组合式。

1.吸附式

在码垛中,吸附式末端执行器主要为气吸附,其工作原理是通过抽走或者稀释密封空间里面的空气,产生内外压力差而进行物体吸附的(图4-1-2)。执行器与物体接触部位的材料一般是橡胶材料,不会对吸附物品造成任何损伤,广泛应用于医药、食品、电子、烟酒等行业。

2.板夹式

夹板式手爪是码垛过程中最常用的手爪,主要用于整箱或规则包装盒的码垛,常见的夹板式手爪有单板式和双板式两种(图4-1-3)。

图 4-1-1 码垛机器人系统基本组成

①-机器人控制柜;②-示教器;③-气体装置;④-真空装置;⑤-机器人;⑥-抓取式手爪;⑦-底座

图 4-1-2 吸附式

图 4-1-3 双板式手爪

3.抓取式

抓取式手爪可灵活适应不同形状和内含物(如大米、沙砾、塑料、水泥、化肥等)物料袋的码垛(图4-1-4)。

4.组合式

组合式是通过组合以获得各单组手爪优势的一种手爪,灵活性较大,各单组手爪之间既可单独使用又可配合使用,可同时满足多个工位的码垛,实现不同类型的物体或垛形的码垛(图4-1-5)。

图 4-1-4 抓取式

图 4-1-5 组合式

注:通常在保证相同夹紧力情况下,气动手爪比液压手爪负载轻、清洁、成本低、易获取,故实际码垛中以压缩空气为驱动力的手爪居多。

三、码垛机器人分类

码垛机器人是码垛工作站的核心设备,按其结构特点来分,主要分为关节式、摇臂式及龙门式码垛机器人。

1. 关节式码垛机器人

关节式码垛机器人拥有4~6个轴,行为动作类似于人的手臂,具有结构紧凑、占地空间小、工作空间大、自由度高等特点,适合于任何轨迹或角度的工作,该机器人是应用最为广泛的码垛机器人(图4-1-6)。

2. 摆臂式码垛机器人

摆臂式码垛机器人坐标系主要由 X 轴、Y 轴和 Z 轴组成,应用于码垛轨迹较为简单的生产场景,其成本较关节机器人低,负载相对于关节机器人小,是关节机器人的替代品(图4-1-7)。

图4-1-6 关节式码垛机器人

图4-1-7 摆臂式码垛机器人

3. 龙门式码垛机器人

龙门式码垛机器人多采用模块化结构,可根据负载位置、大小等选择对应直线运动单元及组合结构形式,可实现大物料、重吨位搬运和码垛,采用直角坐标系,编程方便快捷,广泛应用于生产线运转及机床上下料等大批量生产过程(图4-1-8)。

图4-1-8 龙门式码垛机器人

四、生产线中典型码垛工作站布局

工业机器人生产线是由两个或两个以上的工业机器人工作站、物流系统和必要的非机器人工作站组成,完成一系列以机器人作业为主的连续生产自动化系统。机器人码垛工作站是工业机器人生产线的重要组成部分,促使码垛自动化,可以加快物流速度,获得整齐一致的物垛,减少物料的破损和浪费。机器人码垛工作站的应用不仅提高了产品的质量和劳动生产率,而且保障了人身安全,改善了劳动环境,减轻了劳动强度;同时,对于节约原材料消耗以及降低生产成本也有着十分重要的意义。

机器人码垛工作站布局是根据生产工艺要求,以提高生产、节约场地、实现最佳物流码垛为目的。在实际生产中,常见的码垛工作站布局主要有全面式码垛和集中式码垛两种。

1. 全面式码垛布局

码垛机器人安装在生产线末端,可针对一条或两条生产线,具有较低的输送线成本、较小的占地面积、较大灵活性和增加生产量等优点,如图4-1-9所示。

2. 集中式码垛布局

如图4-1-10所示,码垛机器人被集中安装在某一区域,可将所有生产线集中在一起操作,具有较高的输送线成本,节省生产区域资源,节约人员维护。

图4-1-9　全面式码垛布局

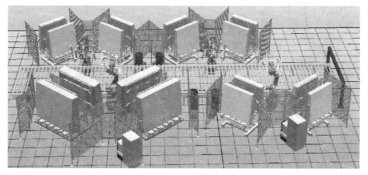

图4-1-10　集中式码垛布局

五、码垛工作站工位布局

工业机器人码垛工作站是一台或多台机器人,配以相应的周边辅助设备,用于完成码垛特定工序作业的独立生产系统,是基本的机器人工作单元。码垛工作站按码垛进出情况,常见规划有一进一出、一进两出、两进两出和四进四出等四种工位布局形式。

1. 一进一出

如图4-1-11所示,一进一出是一条输送链输入,一条码垛输出。常出现在厂源相对较小、码垛线生产比较繁忙的情况,此类型码垛速度较快,托盘分布在机器人左侧或右侧,缺点是需人工换托盘,浪费时间。

2. 一进两出

如图4-1-12所示,在一进一出的基础上添加输出托盘,一侧满盘信号输入,机器人不会停止等待直接码垛另一侧,解决了更换托盘需等待时间的问题,码垛效率明显提高。

图 4-1-11　一进一出　　　　　　　　　　图 4-1-12　一进两出

3. 两进两出

如图 4-1-13 所示,两进两出是两条输送链输入,两条码垛输出,多数两进两出系统不需要人工干预,码垛机器人自动定位摆放托盘,该系统是目前应用最多的一种码垛形式,也是性价比最高的一种规划形式。

4. 四进四出

如图 4-1-14 所示,四进四出系统多配有自动更换托盘功能,主要应对于多条生产线的中等产量或低等产量的码垛。

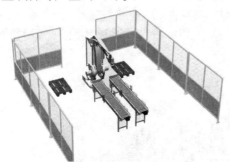 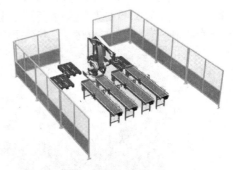

图 4-1-13　两进两出　　　　　　　　　　图 4-1-14　四进四出

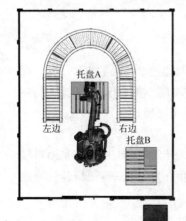

图 4-1-15　KUKA 机器人码垛站

六、KUKA 机器人码垛站工作原理

本节讲解的工业机器人码垛站(简称码垛站)如图 4-1-15 所示。在码垛过程中为了实现循环搬运设计了两个循环工作流程。

流程一:机器人将托盘 A 上的物料拆垛,抓取物料放置在传送带上的左边,传送带正转将物料从左边运输到右边,机器人将右边物料抓取放置在托盘 B 上,重复以上操作直到托盘 A 上物料全部放置在托盘 B 上。

流程二:机器人将托盘 B 上的物料拆垛,抓取物料放置在传送带上的右边,传送带反转将物料从右边运输到左边,机器人将左边物料抓取放置在托盘 A 上,重复以上操作直到托盘 B 上物料全部放置在托盘 A 上。

任务二　工业机器人码垛站系统组成

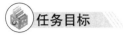 **任务目标**

1. 知识目标

(1)熟悉工业机器人码垛站系统组成;

(2)了解组成设备的基本功能。

2. 教学重点

工业机器人码垛站系统组成及设备主要功能。

任务知识

工业机器人码垛工作站是利用工业机器人结合码垛工艺组成的功能系统,其结构和组成相对简单。典型的码垛工作站系统组成如图 4-1-16 所示,主要由码垛机器人、货物传送带、末端执行机构(如真空吸盘)、托盘及外围设备控制系统等设备组成。

1. 码垛机器人本体

码垛机器人本体是工业机器人的机械主体,主要任务是装载末端执行机构抓取货物。机械手一般由互相连接的机械臂、驱动与传动装置以及各种内外部传感器组成。工作时通过末端执行器实现机器人对工作范围内的动作,各轴的运动通过伺服电机驱动减速器与机械手的各部件运动。如图 4-1-17 所示为本工作站使用的 KUKA KR120 R3200 码垛机器人。

图 4-1-16　工业机器人码垛工作站系统组成
①-真空吸盘;②-形传送带;③-码垛机器人;④-托盘

图 4-1-17　机器人的机械零部件组成

KUKA KR120 码垛机器人技术参数如表 4-1-1 所示。

KR120 码垛机器人技术参数　　　　　　　　　表 4-1-1

参 数 名 称	参 数 值	参 数 名 称	参 数 值
轴数	5 轴	负载	120kg
工作范围	3200mm	重复定位精度	±0.06mm
防护等级	IP54	本体质量	1075kg

2. 传送带

U形传送带主要功能是双向传送货物,主要由机械结构和控制系统组成。

(1)机械结构。

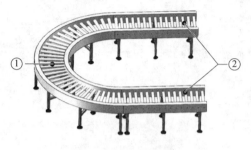

图 4-1-18 U形传送带机械结构
①-转弯段;②-直线段

U形传送带机械结构由一条弯曲半径 1.5m 的转弯段和两条 1.5m 的直线段组合而成,如图 4-1-18 所示。

①直线段:采用 50mm 直径辊筒,材料为普通碳钢经抛光后镀锌处理。辊筒间距 75mm 左右,两端用螺栓连接;两侧采用钢板折弯制作,喷塑处理;末端装有传感器。

②转弯段:采用锥形辊筒,材料为普通碳钢经抛光后镀锌处理,辊筒间距 75mm 左右,两端用螺栓连接,输送采用链轮传动,两侧采用钢板折弯制作,喷塑处理,辊筒两端用螺栓进行连接。

(2)控制系统。

控制系统实现传送带正反转、货物在传送末端的归正,主要由控制柜、归位装置及驱动装置组成。

①归位装置:两直线段末端设置归位装置,采用电磁阀控制带导杆 SMC 气缸,对货物位置进行定位,保证机器人抓取货物位置的一致性。

②驱动装置:驱动装置采用 SEW 三相异步电机,最高速度为 20m/min,带驱动板和张紧装置,通过链条传动实现传送带的运动。

③控制柜:控制柜是传送带的控制中心,采用 PLC 和电机变频器控制三相异步电机的正反转及调速,实现传送带的正反转运行。控制方式采用了远程(机器人)和本地两种方式,其中本地控制方式主要实现对传送带的单机调试功能,如图 4-1-19 所示。

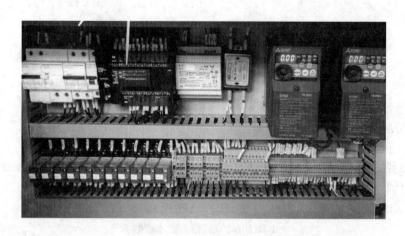

图 4-1-19 传送带控制柜

3. 真空吸盘

本工作站机器人末端执行器采用的是气动吸附式吸盘,选择的是法国 JOULIN 海绵吸盘。海绵吸盘结构如图 4-1-20 所示,其特点是:

（1）无论抓取单个还是整层工件，吸具都能保持稳定的抓取力。

（2）无需调整就能吸取不同产品、夹层薄纸或者是托板。

（3）坚固耐用，不受粉尘环境的影响。

海绵吸盘内置真空发生器，每个孔中内置独立的单向阀，同时齐平的边框设计方便码垛工作站中纸箱的抓取。

JOULIN 海绵吸盘技术参数见表 4-1-2。

图 4-1-20　真空海绵吸盘

JOULIN 海绵吸盘技术参数　　　　　　　　　　表 4-1-2

参 数 名 称	参　数　值	
抓取力	20% 真空度	190N
	40% 真空度	290N
	60% 真空度	400N
耗气量	3.5 Nl/s	
最大真空流量	12 Nl/s	
质量	4kg	

4.托盘

托盘是用于集装、堆放、搬运和运输货物的平台装置，是使静态货物转变为动态货物的载货平台，货物一经装上托盘立即获取了灵活性，具备了转入运动的准备状态。托盘根据结构的不同分为平托盘、柱式托盘、箱式托盘、轮式托盘等四种，本工作站使用的 A、B 托盘均为单面平托盘，如图 4-1-21 所示。

图 4-1-21　单面平托盘

课后习题

一、填空题

（1）码垛机器人末端执行器包括_____、_____、_____、_____四种形式。

（2）码垛机器人分为_____、_____和_____三类。

(3) 工业机器人码垛站的工位布局主要分为_____、_____、_____、_____四种。

(4) 托盘按照结构分为_____、_____、_____、_____四种类型。

二、简答题

(1) 简述码垛站基本组成。

(2) 简述集中式码垛局部特点。

(3) 简述工业机器人码垛工作站的特点和优势。

(4) 简述工业机器人码垛站的基本组成。

(5) 简述真空海绵吸盘优点。

项 目 小 结

本项目包括两个学习任务。第一个任务主要讲述码垛站基本组成、码垛机器人分类、工作站特点及码垛站布局,学生可以初步了解码垛工作站的组成、应用场景、工作特点及工作站布局,为后续课程奠定一定基础。第二个任务主要讲述工业机器人码垛站系统组成及设备主要功能,学生需了解工业机器人码垛站基本设备组成、设备参数及功能、设备选型,培养工业机器人码垛站系统集成的策划思路,为工作站系统集成奠定基础。

项目二 码垛工作站系统配置

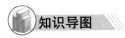

知识导图

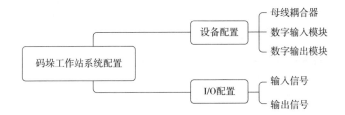

项目导入

为了实现在机器人端直接控制传送带、真空吸盘等设备的动作,需要进行现场总线设备配置及 I/O 信号配置,建立机器人控制系统与外围设备的数据交互。

学习目标

1. 知识目标

(1)熟悉设备硬件配置方法;

(2)掌握码垛控制系统的 I/O 信号配置方法。

2. 情感目标

(1)理实结合、激发学习兴趣;

(2)分组练习,培养规范操作能力,养成团结协作精神。

3. 教学重点

在 WorkVisual 中系统配置。

任务知识

为了实现机器人对传送带、真空吸盘等外部信号的控制,需要对设备、输入输出端进行配置,配置完成后将项目下载到机器人控制系统,激活使用。码垛站在 WorkVisual 中的配置内容及流程如图 4-2-1 所示。

1. 设备配置

码垛工作站仅需配置总线设备,总线设备是机器人控制系统与传送带、真空吸盘等设备数据传输的端口,本工作站采用了母线耦合器 EK1100、16 位数字输入模块 EL1809、16 位数字输出模块 EL2809 三种总线设备。

码垛工作站配置设备清单见表 4-2-1。

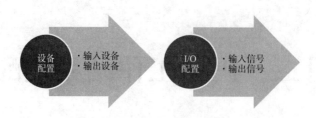

图 4-2-1　WorkVisual 中配置流程

点焊站设备配置清单　　　　　　　　　　　　　　　　　表 4-2-1

序　号	设备名称	规　格	说　明
1	母线耦合器	EK1100	外部 I/O 模块连接器
2	16 通道数字输入模块	EL1809	倍福 16 位数字输入
3	16 通道数字输出模块	EL2809	倍福 16 位数字输出

码垛工作站配置总线设备如图 4-2-2 所示。

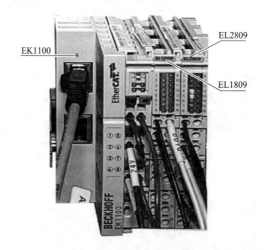

图 4-2-2　码垛站总线设备

2. I/O 配置

首先将总线设备 EL1809、EL2809 与机器人总线连接,分配总线地址,地址分别为 1 ~ 16。总线连接参见任务 2.3 中焊接控制系统 I/O 信号配置的方法。

(1)数字量输入信号。

数字量输入信号的作用是监测周边辅助设备的运行状态,并将相关监测信号作为系统运行的控制条件。本工作站数字量输入信号见表 4-2-2。

数字量输入信号　　　　　　　　　　　　　　　　　　　表 4-2-2

序　号	信号名称	来自设备	信号型号	总线设备	总线地址
1	A 段允许取放取料	PLC	1 位		1
2	B 段允许取放取料	PLC	1 位	EL1809	2
3	门上启动按钮	安全门	1 位		9
4	门上暂停按钮	安全门	1 位		10

（2）数字量输出信号。

数字量输出信号主要是 PLC 和周边设备的运行，如表 4-2-3 所示。

数字量输出信号

表 4-2-3

序　号	信 号 名 称	来自设备	信号型号	总线设备	总线地址
1	A 段完成	PLC	1 位		1
2	B 段完成	PLC	1 位		2
3	线体正转	PLC	1 位	EL2809	3
4	线体反转	PLC	1 位		4
5	线体停止	PLC	1 位		5
6	吸盘电磁阀	真空吸盘	1 位		6

任务实施——WorkVisual中配置码垛站

1. 任务要求

（1）在 WorkVisual 之中上传项目，按表 15-1 所示添加总线设备 EK1100、EL1809 及 EL2809。

（2）按照表 4-2-2 和表 4-2-3 所示，对 EL1809 和 EL2809 进行总线连接，分配总线地址，其中输入输出的总线地址分别为 1～16 共 16 位地址。

（3）将配置完成的项目下载到机器人控制系统。

2. 任务操作

任务操作参见本项目中的任务操作提示。

课 后 习 题

一、选择题

（1）工业机器人码垛站需要配置 16 个数字输入和 17 个数字输出，分别需要 EL1809 和 EL2809 的总线设备数量是（　　）。

　　A. EL1809，2 个　　　　　　　　B. EL1809，1 个

　　C. EL2809，1 个　　　　　　　　D. EL2809，2 个

（2）工业机器人码垛站与外部信号进行传输时，常配备 EK1100 模块，EK1100 是（　　）。

　　A. 数字量模块　　　　　　　　B. 模拟量模块

　　C. 母线耦合器　　　　　　　　D. 通信模块

二、简答题

工业机器人码垛站的设备配置流程是什么？

项 目 小 结

本项目主要讲述工业机器人码垛站系统配置，学生需了解在 WorkVisual 中进行码垛所需的设备、I/O 配置，培养工业机器人码垛站系统集成的软件配置能力，为后续学习奠定基础。

项目三　码垛工作站电气系统

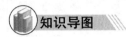知识导图

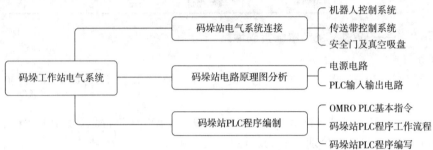

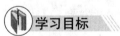项目导入

　　码垛工作站电气系统主要包括机器人控制系统、传送带控制系统、真空吸盘及安全门。机器人控制系统通过总线与外围设备进行信号交互;传送带控制系统是以 PLC 为核心,采集传送带状态信号和机器人控制信号,控制传送带启动、停止及正反转功能,并将传送带状态信号发送给机器人;真空吸盘是机器人控制电磁阀,实现吸盘的抓取货物;安全门上安装有远程控制系统启动和暂停的按钮,是机器人的远程控制端口。

　　本项目主要内容有电气系统连接、电气原理分析及 PLC 程序编制。

学习目标

1.知识目标

(1)熟悉码垛站的电气系统连接方法;

(2)掌握码垛站电气原理;

(3)掌握 PLC 程序编制方法。

2.情感目标

(1)理实结合、激发学习兴趣;

(2)分组练习,培养规范操作能力,养成团结协作精神。

任务一　码垛站电气系统连接

任务目标

1.知识目标

(1)了解 KR C4 总线及 KEB 总线结构;

（2）熟悉码垛站电气系统图；

（3）熟悉码垛站电气功能模块；

（4）了解码垛站电气元件功能。

2．教学重点

码垛站电气系统图。

任务知识

如图4-3-1所示，码垛站电气系统是由机器人控制系统、传送带控制系统、安全门及真空吸盘控制电路组成。机器人控制系统的对外接口总线是 KEB 总线，并通过母线耦合器、数字输入输出模块扩展 I/O 端口，实现与外围控制的数据交换。本工作站的数据交换均是通过 I/O 数字信号实现的。

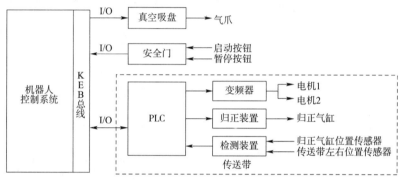

图 4-3-1　码垛站电气系统连接图

一、机器人控制系统

1．库卡内部总线系统

库卡 KR C4 控制系统内具有六个基于以太网的不同总线系统，每个总线系统与不同的控制系统组件（PC、PLC、示教器、KSP 等）相互连接，实现不同总线设备的控制。如图4-3-2 所示。

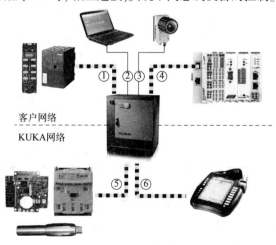

图 4-3-2　KR C4 总线系统

总线系统每个总线的功能说明如表4-3-1所示。

KR C4 总线功能说明

表4-3-1

序　号	总线名称	总线功能说明
①	KLI (库卡线路接口)	用于连接: (1) PLC; (2) 现场总线耦联: 　①PROFINET & PROFIsafe; 　②EtherNet/IP & CIP safety。 (3) TCP/IP 网络连
②	KSI (库卡服务接口)	用于连接: 用于配置和诊断的 WorkVisual 笔记本电脑
③	KONI (库卡选项网络接口)	用于连接: (1) 例如通过备选软件包 VisionTech 连接摄像头; (2) 只在带有 KSS8.3 的主板 D3076-K 时
④	KEB (库卡扩展总线)	用于连接: (1) EtherCat 母线耦合器: Beckhoff EK1100。 (2) EtherCat 输入/ 输出端; 例如 Beckhoff EL1809 和 EL2809。 (3) PROFIBUS 网关: Beckhoff EL6731 和 EL6731 0010。 (4) DeviceNet 网关: Beckhoff EL6752 和 EL6752 0010。 (5) EtherCat Master/Master 网关: Beckhoff EL6692 >> PLC; Beckhoff EL6695-1001 >> 安全 PLC。 (6) 其他所选的、基于 EtherCat 的现场总线用户
⑤	KSB (库卡系统总线)	用于连接: (1) smartPAD; (2) SIB(安全接口板); (3) 扩展型 SIB; (4) RoboTeam; (5) 更多库卡选项
⑥	KCB (库卡控制系统总线)	用于连接驱动回路上的各个用户: (1) RDC(旋转变压器数字转换器); (2) KPP(库卡配电箱); (3) KSP(库卡系统包); (4) EMD(电子控制仪)

2. KEB 库卡扩展总线

KEB(KUKA Extension Bus)总线是库卡 KR C4 的扩展总线,通过母线耦合器、输入输出模块、网关模块,扩展 KR C4 控制系统的外部端口,包括 I/O 端口和通信端口,并可以通过 WorkVisual 实现总线配置(设备、总线地址等)。图4-3-3所示为 KEB 总线连接。

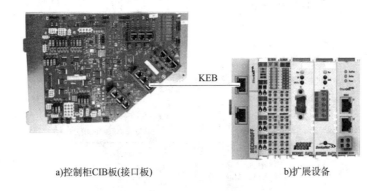

a)控制柜CIB板(接口板)   b)扩展设备

图 4-3-3　KEB 总线连接

3. KEB 连接

本工作站的总线设备选用了母线耦合器 EK1100、16 位数字输入模块 EL1809 及 16 位数字输出模块 EL2809,所有信号通过端口 I/O 进行传输,其连接如图 4-3-4 所示。总线设备和 I/O 的配置参见项目十五。

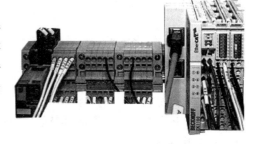

图 4-3-4　码垛站 KEB 扩展总线连接

二、传送带控制系统

传送带控制系统以 PLC 为核心,实现控制传送带的正反转、归正气缸运动、检测信号采集及机器人信号交互。

1. 传送带正反转控制

本工作站的传送带采用两段直线段和一段 U 形段组成,为保证传送带的运输能力,选用了两台变频器和 SEW 三相交流异步电机进行驱动,如图 4-3-5 所示。电机的控制采用 PLC + 变频器控制模式,PLC 端口输出正转、反转及停止信号,变频器接收到信号后执行电机控制。

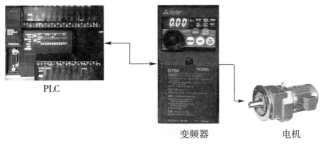

PLC   变频器   电机

图 4-3-5　电机控制示意图

2. 归正气缸运动控制

传送带直线段末端是作为机器人准确抓取货物的位置,而货物经过传送带的运输位置或姿态都不可能保持一致,因此需要在直线段末端设置归正装置,将货物位置进行统一归正,保持一致性。执行归正时,PLC 输出控制信号,控制两位五通电磁阀导通,推动带导杆

SMC 气缸运动,在传送带末端对静止的货物位置进行推顶归正,保证机器人抓取货物位置的一致性,如图 4-3-6 所示。

图 4-3-6　归正装置
①-带导杆 SMC 气缸;②-A、B 段归正电磁阀

3. 检测信号采集

传送带的检测信号主要来自于两类归正气缸位置传感器和传送带左右端位置传感器,如图 4-3-7 所示。

(1)归正气缸位置传感器:传感器采用磁开关,安装在气缸的运动位置末端,实现 PLC 对推到位和回到位信号的检测。

(2)传送带左右端位置传感器:传感器采用红外传感器,通过反射板进行检测。当货物移动挡住了反射板,传感器接收不到反射信号,输出高电平,判断该处有货物。为了准确判断货物是否准确到达抓取位置,采用两组传感器进行检测,传感器安装间距调整与货物的尺寸一致,满足准确检查的要求。

图 4-3-7　传送带左右限位传感器
①-左端限位传感器;②-右端限位传感器

4. 信号转换电路

机器人控制系统控制电源为 DC 27V,而 PLC 等电气部件使用的 DC 24V 电源,机器人与 PLC 之间电气不能直接连接,直接连接会造成信号不稳定,严重时可能损坏内外部电源,因此需对传输信号进行转换。转换电路采用中间继电器来实现,如图 4-3-8 所示。

三、安全门及真空吸盘

如图 4-3-9 所示,本工作站安全门上设计了启动按钮和暂停按钮,按钮信号直接与机器人 EL1809 输入端口连接。

真空吸盘的控制是通过机器人端口输出电平信号,控制电磁阀导通,实现吸盘的抓、放动作。

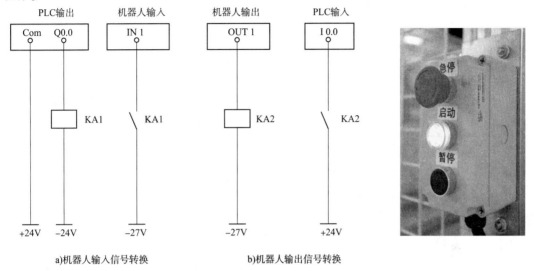

a)机器人输入信号转换　　　　　　b)机器人输出信号转换

图 4-3-8　信号转换电路　　　　　　　　　　　　　　图 4-3-9　门上控制按钮

任务二　码垛站电路原理图分析

 任务目标

1. 知识目标

分析码垛站控制系统原理图。

2. 教学重点

PLC 的输入输出及信号转换电路。

 任务知识

码垛工作站电路控制主要实现传送带的正反转运动、货物归位运动,并通过信号采集将货物及传送带的运行状态发送给机器人,配合码垛机器人实现码垛任务。外围控制核心为PLC,主控电路多集中在电气控制柜内,主要包括电源电路、PLC 的输入输出电路、变频器控制电路及机器人信号转换电路等部分。

一、电源电路

1. 主电源

如图 4-3-10 所示,系统外接 AC 220V 电源,通过断路器 Q1 将 AC 220V 电源接入。图中H1 为电源指示灯,指示系统是否上电;M1 为机箱风扇,实现电气箱的散热。

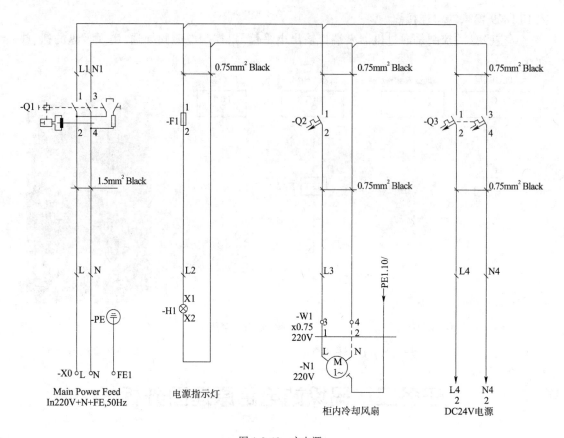

图 4-3-10 主电源

2. 控制电源

如图 4-3-11 所示,电路通过滤波器 AF1 对电源进行滤波处理,然后经过开关电源 DR-60-24 产生 DC 24V 的直流电源,分别为 PLC 和继电器供电。其中,电路中 H2 为直流 24V 的指示灯。

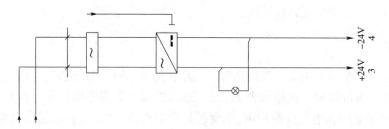

图 4-3-11 控制电源

二、PLC 输入输出电路

码垛站由于输入输出信号较少,采用了 OMRO 的 CP1E 小型 PLC,共计 18 个数字输入端口和 12 个数字输出端口。PLC 电路主要包括 PLC 输入端口和输出端口电路。PLC 的 I/O 分配见表 4-3-2。

PLC I/O 分配表　　　　　　　　　　　　　　　　　　　　　　表 4-3-2

输入	名　　称	来源	输出	名　　称	送至
I0.00	线体正转按钮	线体	Q100.0	A 段归正气缸伸出电磁阀	线体
I0.01	线体反转按钮	线体	Q100.1	A 段归正气缸缩回电磁阀	线体
I0.02	线体急停按钮	线体	Q100.2	B 段归正气缸伸出电磁阀	线体
I0.03	线体本地/远程按钮	线体	Q100.3	B 段归正气缸缩回电磁阀	线体
I0.04	A 段放位工件检测 1	线体	Q100.4	A 段线体变频正转	KA1 线体
I0.05	A 段放位工件检测 2	线体	Q100.5	A 段线体变频反转	KA2 线体
I0.06	A 段末端工件检测	线体	Q100.6	B 段线体变频正转	KA3 线体
I0.07	B 段放位工件检测 1	线体	Q100.7	B 段线体变频反转	KA4 线体
I0.08	B 段放位工件检测 2	线体	Q101.0	A 段允许机器人放料(取料)信号	KA5 机器人
I0.09	A 段归正气缸缩回位	线体	Q101.1	B 段允许机器人取料(放料)信号	KA6 机器人
I0.10	A 段归正气缸伸出位	线体	Q101.2		
I0.11	B 段归正气缸缩回位	线体	Q101.3		
I1.00	B 段归正气缸伸出位	线体	Q101.4		
I1.01	A 段机器人放料(取料)完成信号	KA7 机器人	Q101.5		
I1.02	B 段机器人取料(放料)完成信号	KA8 机器人			
I1.03	机器人控制线体正转	KA9 机器人			
I1.04	机器人控制线体反转	KA10 机器人			
I1.05	机器人控制线体停止	KA11 机器人			

注:表中"线体"代表"传送带";"A 段"代表左边直线段;"B 段"代表右边直线段。

1. 输入端口 I0.00 ~ I0.07 的电路图

如图 4-3-12 所示,PLC 的 I0.00 ~ I0.07 端口信号主要包括传送带正转、传送带反转、传送带急停、远程本地转换按钮、A 段(左边)放件检测 1、A 段(左边)放件检测 2、A 段末端检测、B 段(右边)放件检测 1 等 8 个采集的输入信号。

2. PLC 输入端口 I0.08 ~ I1.05 的电路图

如图 4-3-13 所示,PLC 的 I0.08 ~ I1.05 端口信号共计 10 个输入信号。主要包括两部分信号,一部分是采集的外围信号:B段(右边)放件检测2、A段归正气缸伸出位、A段归正气缸缩回位、B段归正气缸伸出位、B段归正气缸缩回位;另一部分是机器人的输出信号:A段放(取)料完成信号、B段放(取)料完成信号、机器人控制传送带正转信号、机器人控制传送带反转信号、机器人控制传送带停止信号。

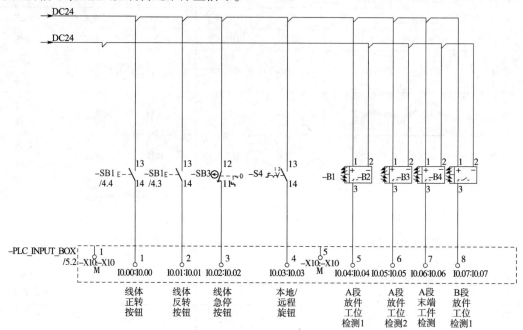

图 4-3-12   PLC 低字节输入端口

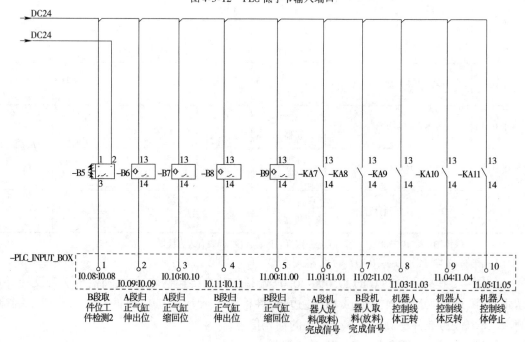

图 4-3-13   PLC 高字节输入端口

3. 输出端口 Q100.0 ~ Q100.7 的电路图

如图 4-3-14 所示，PLC 输出信号 Q100.0 ~ Q100.3 主要控制 A 段和 B 段归正气缸电磁阀，实现气缸伸出和缩回；PLC 输出信号 Q100.4 ~ Q100.7 主要控制 A 段和 B 段传送带的正反转。

4. 输出端口 Q101.0 ~ Q101.1 的电路图

本端口（图 4-3-15）主要是控制机器人 A、B 段允许取放料信号。

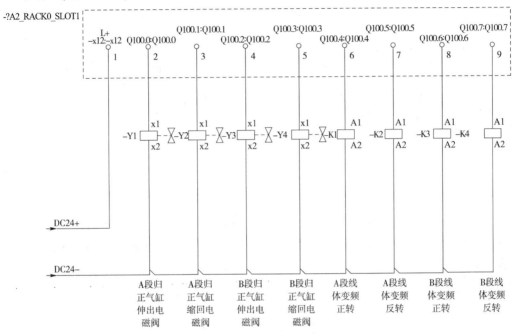

图 4-3-14　PLC 低字节输出端口

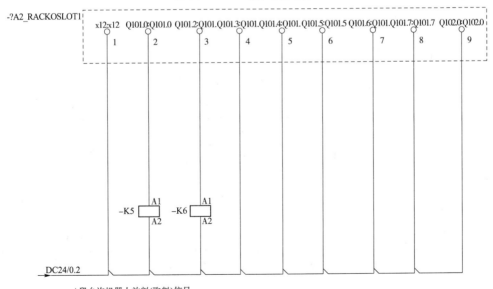

图 4-3-15　PLC 高字节输出端口

任务三　码垛站 PLC 程序编制

1. 知识目标

（1）分析 PLC 控制功能；

（2）编写 PLC 梯形图。

2. 教学重点

PLC 控制功能分析。

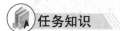

一、OMRO PLC 基本指令

本工作站采用 OMRON PLC，基本逻辑指令主要用于实现顺序逻辑控制。可编程控制器生产厂商较多，基本逻辑编辑指令格式相似，虽然所使用的指令条数及指令的表示符号一般不完全相同，但是其内容及功能却十分相似。本任务对 PLC 码垛使用的定时器、输入、输出指令进行讲解。

1. 定时器

定时器是 PLC 中的重要编程元件之一，是累计时间增量的内部器件，在 OMRON 中常用符号 T 表示。定时器没有瞬时触点，使用前需输入时间设定值，当定时器条件满足开始计时，当前值从 0 开始按一定的时间单位增加，达到定时器预设值时，定时器的触点动作。

（1）定时器编号范围为 T0 ~ T255。

（2）定时器类型，如表4-3-3 所示。

定　时　器　类　型　　　表4-3-3

定时器指令	BCD 模式	二进制模式
100ms 定时器	TIM	TIMX
10ms 定时器	TIMH	TIMHX
1ms 定时器	TIMHH	TIMHHX
累计定时器	TTIM	TTIMX

（3）应用示例：定时器号为 0，定时 1s，如图4-3-16 所示。

2. 输入指令

输入指令是输出指令的前置条件，常见输入指令有常开、常闭和上升沿输入指令，如图4-3-17 所示。

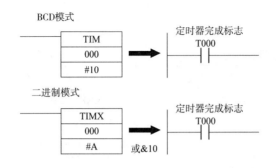

图 4-3-16　PLC 定时器示例

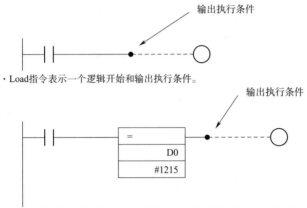

· Load指令表示一个逻辑开始和输出执行条件。

· 中间的指令输入驱动流向作为执行条件，并输出驱动流向到中间的指令或输出指令。

图 4-3-17　输入指令

3.输出指令

输出指令是输入指令块的结果，判断是否满足输入指令条件，触发输出线圈（图 4-3-18）。常见的输出指令有常开和常闭指令。

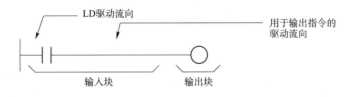

图 4-3-18　输出指令

注：详细的指令使用说明和编程软件操作方法见《欧姆龙 PLC 用户手册》。

二、码垛站 PLC 程序工作流程

1.运行模式

码垛站 PLC 程序运行有两种模式，即本地（手控盒控制）和远程（机器人控制）。本地控制根据运行条件，控制线体（传送带）正反转，而远程控制根据机器人控制指令条件，控制线体正反转及归正气缸动作。运行模式见表4-3-4。

运 行 模 式 表 4-3-4

运行模式	功 能	说 明	信号来源
本地	线体正转	按下"线体正转"按钮,线体正转	手控盒 按钮
	线体反转	按下"线体反转"按钮,线体反转	
	线体急停	按下"线体急停"按钮,线体停止	
远程	线体正转	机器人送出"线体正转"信号,线体正转	机器人
	线体反转	机器人送出"线体反转"信号,线体反转	
	线体停止	机器人送出"线体停止"信号,线体停止转动	
	归正	机器人送出"线体归正"信号,归正气缸动作, 对货物进行归正	

2. 程序工作流程

为了在 PLC 程序中实现本地/远程控制线体运动,采用梯形图编程,编写四类功能程序模块,如表 4-3-5 所示。

PLC 程序模块 表 4-3-5

程序模块	说 明
A、B 段允许机器人取(放)料程序模块	A 段: (1)取料:线体反转,货物到达 B 段; (2)放料:线体正转,A 段无货物。 B 段: (1)取料:线体正转,货物到达 B 段; (2)放料:线体反转,B 段无货物。 此程序产生指示机器人可以运动的信号
A、B 段等待机器人取料程序模块	A 段:线体反转,货物到达 A 段; B 段:线体正转,货物到达 B 段。 此程序产生线体停止、等待机器人抓料的信号
A、B 段线体正反转程序模块	机器人和手控盒实现线体正反转
A、B 归正动作程序模块	A 段:货物到达 A 段,归正气缸归正货物; B 段:货物到达 B 段,归正气缸归正货物。 此程序实现机器人抓料前,对传送带上货物归正

PLC 程序流程如图 4-3-19 所示,PLC 程序采用梯形图编写,根据运行条件循环执行,其程序流程主要分为线体正转流程和线体反转流程。

(1)线体正转流程。

线体正转工作流程是将托盘 A 上货物拆垛,线体正转,A 段上货物传送到 B 段,B 段取货物,在托盘 B 上码垛。工作时,首选判断"B 段是否允许取料"信号,然后判断是否有货物在 B 段等待机器人抓取,若无货物,线体正转;若有货物,线体停止正转,B 段货物归正,归正后等待机器人抓取。

(2)线体反转流程。

线体正转工作流程是将托盘 B 上货物拆垛,线体反转,B 段上货物传送到 A 段,A 段取货物,在托盘 A 上码垛。工作时,首选判断"A 段是否允许取料"信号,然后判断是否有货物在 A 段等待机器人抓取,若无货物,线体反转;若有货物,线体停止反转,A 段货物归正,归正后等待机器人抓取。

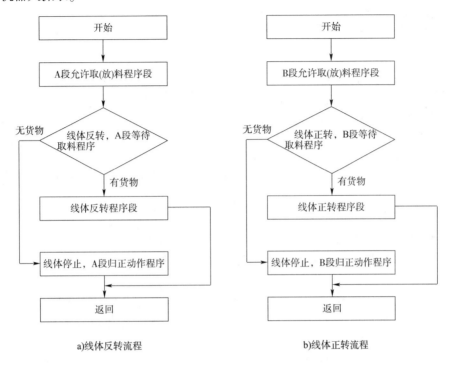

a)线体反转流程   b)线体正转流程

图 4-3-19　PLC 程序流程图

三、码垛站 PLC 程序编写

根据图 4-3-16 所示,PLC 程序分为了四种功能模块,即允许取(放)料程序段、等待取料程序段、线体正反转程序段及归正程序段,程序的 I/O 分配见表 4-3-2。

1. 允许取(放)料程序段

允许取(放)料程序段输出单元是 Q101.0(A 段)与 Q101.1(B 段),A、B 段的控制程序相似,下面以 A 段允许信号进行讲解。A 段允许信号是 PLC 输出到机器人,并允许机器人在 A 段工作的允许信号,其触发流程是线体正转时,检查 A 段是否有货物,若有,输出允许机器人继续放货物信号;线体反转时,检查 A 段是否有货物需要机器人抓取,若有,输出允许机器人抓取货物信号。

(1)A 段允许取料条件。

机器人控制 + 机器人线体反转 + A 段工件检测 1(ON) + A 段工件检测 2(ON)。

(2)A 段允许放料条件。

机器人控制 + 机器人线体正转 + A 段工件检测 1(OFF) + A 段工件检测 2(OFF)。

根据功能和输出条件,编写 PLC 梯形图程序如图 4-3-20。

程序释义如下:

第一段梯形图:

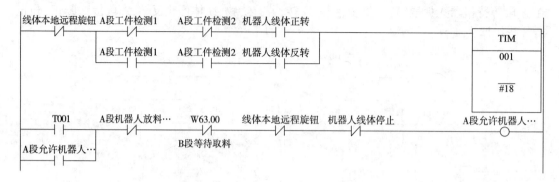

图 4-3-20　A 段允许机器人放(取)料程序段

在机器人控制模式下,判断 A 段是否允许放(取)料,如满足条件[见条件(1)和(2)],定时器 TIM001 启动 18×100ms 定时。

第二段梯形图:

定时时间到后,判断 B 端是否有料等待机器人抓取(B 端优先于 A 端),若无,输出 A 段允许机器人放(取)料,允许机器人在 A 段进行抓放料操作。

2. 等待取料程序段

等待取料程序段输出单元是 W63.01(A 段)与 W63.00(B 段),A、B 段的控制程序相似,下面以 B 段等待取料程序段进行讲解。B 段等待取料信号是 PLC 内部信号,该信号作为其他信号的启动或停止条件(如线体正反转、归正动作等),其触发流程是线体正转时,货物到达 B 段,B 段 2 个检测信号已检测到货物,同时 PLC 输出 B 段允许机器人放(取料)信号,产生 B 段等待取料信号 W63.00。

B 段等待取料条件(图 4-3-21):

机器人控制+线体急停+机器人线体正转+B 段工件检测 1+B 段工件检测 2+B 段机器人允许放(取)料+B 段机器人取料完成信号(来自于机器人)

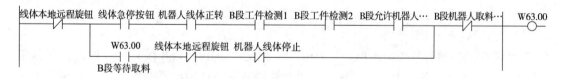

图 4-3-21　B 段等待取料程序段

程序释义如下:

第一段第一行梯形图:

在机器人控制模式下,判断 B 段是否满足 B 段等待取料信号产生条件,若满足条件,输出 B 段等待取料信号,等待机器人执行取料操作。

第二段梯形图:

定时时间到后,判断 B 端是否需要抓料(B 端优先于 A 端),若无,输出 A 段允许机器人放(取)料,允许机器人在 A 段进行抓放料操作。

3. 线体正反转程序段

线体正转程序段输出单元是 Q100.4(A 段)与 Q100.6(B 段),线体反转程序段输出单元是 Q100.5（A 段）与 Q100.7（B 段）。A、B 段线体正反转的控制程序相似,下面以 A 段正反转程序段进行讲解。

（1）A 段变频正转（Q100.4）。

线体的控制模式有两种本地（手控盒按钮）和远程（机器人）,因此需将两种模式写入 PLC 控制程序。A 段变频正转信号是 PLC 产生的,输送到变频器控制电机的正转信号,在远程控制模式下,PLC 接收机器人的线体正转信号,并检测 B 段是否有货物等待机器人取料,若无,则 PLC 输出线体变频正转信号;在本地控制模式下,控制盒线体正转按钮按下,接通 A 段线体变频正转信号,实现本地线体正转,如图 4-3-22。

①本地模式线体正转条件。

本地模式 + 线体正转按钮（ON）+ 线体反转按钮（OFF）+ 线体急停按钮（ON）+ A 段线体变频反转（联锁）。

②远程模式线体正转条件。

机器人控制 + 机器人线体正转（机器人）+ B 段等待取料（OFF）+ 机器人线体停止（OFF）+ 线体急停按钮（ON）+ A 段线体变频反转（联锁）。

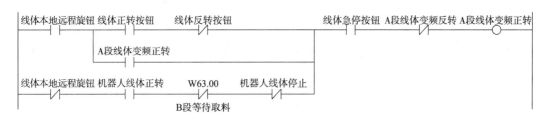

图 4-3-22　A 段变频正转程序段

程序释义如下:

第一段梯形图:

本段为本地按钮控制下实现 A 段线体正转。当按下手控盒上线体正转按钮并满足条件①后,A 段线体变频正转输出高电平,变频器驱动电机实现正转,同时通过 A 段线体变频正转信号的常开触点实现自保持电路。

第二段梯形图:

本段为机器人控制下实现 A 段线体正转。当机器人输送线体正转信号到 PLC 端口并满足条件②后,A 段线体变频正转输出高电平,变频器驱动电机实现正转。

（2）A 段变频反转（Q100.6）。

变频反转的控制与正转控制原理相似,也是通过本地和远程模式进行控制,如图 4-3-23 所示。

①本地模式线体反转条件。

本地模式 + 线体反转按钮（ON）+ 线体正转按钮（OFF）+ 线体急停按钮（ON）+ A 段线体变频正转（联锁）。

②远程模式线体反转条件。

机器人控制 + 机器人线体反转 + A 段等待取料（OFF）+ 机器人线体停止（OFF）+ 线体急停按钮（ON）+ A 段线体变频正转（联锁）。

图 4-3-23　A 段变频反转程序段

第一段梯形图：

本段为本地控制下实现 A 段线体反转。当按下手控盒上线体反转按钮并满足条件①后，A 段线体变频反转输出高电平，变频器驱动电机实现反转，同时通过 A 段线体变频反转信号的常开触点实现自保持电路。

第二段梯形图：

本段为机器人控制下实现 A 段线体反转。当机器人输送线体反转信号到 PLC 端口并满足条件②后，A 段线体变频反转输出高电平，变频器驱动电机实现反转。

4. 归正程序段

归正程序段伸出输出单元是 Q100.0（A 段）与 Q100.2（B 段），缩回输出单元是 Q100.1（A 段）与 Q100.3（B 段）。A、B 段归正程序原理相似，下面以 B 段归正程序进行讲解（图 4-3-24）。

图 4-3-24　B 段归正气缸伸出程序

（1）B 段归正伸出（Q100.2）。

B 段归正伸出信号是 PLC 的输出信号，控制归正气缸的电磁阀，接通伸出气路，实现对 B 段货物的归正操作。在机器人控制下线体正转将货物向 B 段输送，当货物到达 B 段末端，并触发 B 段工件检测 1 和检测 2 信号时，PLC 输出 B 段归正气缸伸出信号，气缸动作带动导杆推动货物进行归正。

B 段归正伸出动作条件：

机器人控制 + 机器人线体正转 + B 段工件检测 1（ON）+ B 段工件检测 2 + B 段归正气缸伸出位（OFF）+ B 段等待取料（OFF）。

程序释义如下：

梯形图第一行：

在机器人控制模式下，机器人控制线体正转向 B 段输送货物，当 B 段工件检测 1 和检测 2 同时检测到货物后，接通 B 段归正气缸伸出信号，气缸执行伸出动作。B 段工件检测 1 采用脉冲上升沿触发指令，是为了保证在货物达到后只执行一次归正伸出动作。

梯形图第二行：

本行指令为自保持电路，保证气缸归正到位。

(2)B段归正缩回(Q100.3)。

B段归正缩回信号是PLC的输出信号,控制归正气缸的电磁阀,接通缩回气路,实现导杆缩回操作。当执行完归正伸出操作且导杆伸出到位后,PLC输出B段归正气缸缩回信号,气缸动作带动导杆缩回到准备位置,如图4-3-25所示。

图4-3-25　B段归正气缸缩回程序

B段归正缩回动作条件:

机器人控制＋B段归正气缸伸出位(ON)＋B段归正气缸缩回位(OFF)。

程序释义如下:

梯形图:

在机器人控制模式下,检测到气缸已伸出到位后,同时检测气缸未缩回到位,PLC输出B段归正气缸缩回信号,气缸带动导杆缩回,直到到达准备位置。

任务实施——码垛站PLC线体正反转程序运行监测

1. 任务要求

(1)按照码垛站功能,编写PLC程序,并将程序下载到PLC中。

(2)将PLC运行模式切换到运行模式。

(3)监控A、B段线体正反转程序运行。

2. 任务操作

按照本任务中的PLC程序段要求进行监测。

课后习题

一、填空题

KuKA KR C4控制系统有_____个基于以太网的总线系统,其中外部I/O端口连接的总线是_____。

二、选择题

(1)工业机器人码垛站中采用了气缸进行货物的归正,气缸的动作位置常采用(　　)实现。

　　A. 旋转编码器　　　B. 磁开关　　　C. 红外传感器　　　D. 限位开关

(2)工业机器人码垛站中,上位机PLC的输入公共端是低电平(0V),若外部采用红外传感器进行信号采集,为了传感器输出信号直接连接PLC输入端,则应选用传感器类型为(　　)。

　　A. NPN　　　　　B. PNP　　　　C. 都可以　　　　D. 都不可以

三、简答题

(1)机器人内部控制直流电源是DC-27V,而PLC采用电源是DC-24V,机器人的输出端口可以直接接在 PLC 的输入端口上吗？若不行,如何设计转换电路?

(2)当线体处于本地控制运行模式条件下,"A 段线体变频正转"有输出时(正在正转),分析下图,在什么条件下可以中断 A 段线体正转?

(3)分析下图,指出脉冲上升沿触发指令是什么？在梯形图中的主要功能是什么?

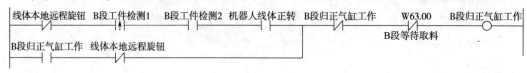

项 目 小 结

本项目包括三个学习任务。第一个任务主要讲述码垛站电气系统组成,使学生可以初步了解机器人码垛站的控制系统构成、电气控制原理,熟悉机器人控制系统总线、PLC 控制构架,为后续课程奠定一定基础。第二个任务主要讲述码垛站电气接线图,使学生初步了解码垛电气工作原理,熟悉 PLC 端口接线,为 PLC 程序学习奠定一定基础。第三个任务主要讲述码垛站 PLC 程序的编写,学生需熟悉 PLC 梯形图基本指令,熟悉传送带正反转、归正气缸工作等程序的结构,掌握 PLC 程序编程技巧,培养程序调试能力。

项目四 码垛工作站机器人程序

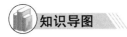知识导图

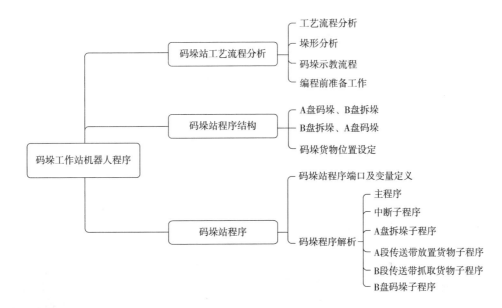

项目导入

　　码垛的过程是机器人抓取货物,并将货物按照设定的垛形进行堆放的过程。本工作站设计了机器人循环码垛站,工作站中采用机器人、传送带、托盘及真空吸盘等设备,模拟实际生产中货物的拆垛和码垛。在程序编写中,需要综合应用机器人的示教编程、KRL 流程控制指令、坐标偏移编程、切换函数等知识,编写和调试程序,实现机器人控制系统与 PLC 的数据交换,实现码垛和卸垛。

学习目标

1. 知识目标

(1)掌握码垛工艺流程分析方法;

(2)熟悉码垛垛形设计方法;

(3)熟悉机器人程序编写和调试方法。

2. 情感目标

(1)理实结合、激发学习兴趣;

（2）动手实操,培养吃苦耐劳、刻苦钻研的工匠精神;

（3）分组练习,培养规范操作能力,养成团结协作精神。

任务一　码垛站工艺流程分析

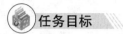

1.知识目标

（1）码垛工艺流程分析;

（2）垛形分析;

（3）码垛作业前的检查准备工作。

2.教学重点

码垛工艺流程分析。

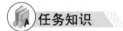

一、工艺流程分析

本工作站设计有两个工作流程,即 A 盘拆垛、B 盘码垛和 B 盘拆垛、A 盘码垛,两个流程组成一个循环工作,实现 A、B 盘之间货物的传递、拆垛和码垛,如图4-4-1 所示。

图 4-4-1　码垛站功能部件图

①-A 段传送带;②-B 段传送带;③-货物;④-托盘 A;⑤-托盘 B

（1）A 盘拆垛、B 盘码垛工作流程。

机器人抓取托盘 A 上的货物通过传送带正转,将货物从左边（A 段）传到右边（B 段）。若左边的货物还没有到达右边,机器人将继续进行抓取托盘 A 上的货物;若货物传到右边,机器人抓取货物放置于托盘 B;若左边允许放料,右边允许抓料,PLC 处理优先给机器人右边允许抓料的信号。当托盘 A 上的货物已经抓完,传送带上仍然有货物,机器人则一直等待右边货物到位信号,进行抓取放置托盘 B。工作流程如图4-4-2 所示。

（2）B盘拆垛、A盘码垛工作流程。

机器人抓取托盘B上的货物通过传送带反转,将货物从右边(B段)传到左边(A段)。若右边的货物还没有到达左边,机器人将继续进行抓取托盘B上的货物;若货物传到左边后,机器人抓取货物放置于托盘A;若右边允许放料,左边允许取料,PLC处理优先给机器人左边允许取料的信号。当托盘B上的货物已经抓完,传送带上仍然有货物,机器人则一直等待左边货物到位信号,进行抓取放置托盘A。工作流程如图4-4-3所示。

图4-4-2　A盘拆垛、B盘码垛　　　　图4-4-3　B盘拆垛、A盘码垛

二、垛形分析

货物是长方体纸箱,尺寸为660mm×520mm×290mm,纸箱采用旋转交错式垛形,分上、下两层放置,每层四个纸箱,同一层中相邻箱体互为90°。两层垛形示意如图4-4-4所示,其中货物上的数字为机器人抓取货物时的顺序,机器人先抓上层后抓下层。

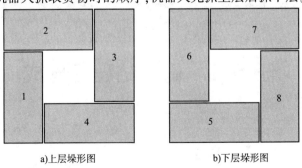

a)上层垛形图　　　　　　　　b)下层垛形图

图4-4-4　码垛垛形示意图

三、码垛示教流程

码垛站机器人轨迹示教与通用机器人相似，TCP 为真空吸盘。示教的方法主要有以下两种：

第一，根据货物和放置位置，提前编写需要示教的指令，然后针对需要示教的点位逐一示教。提前编写指令可在 WorkVisual 和 OrangeEdit 上离线编写后导入 KRC 控制系统，也可在示教器上编写。

第二，在编写运动指令的同时进行点位示教。

本任务机器人示教点位均较为简单，现场编程和示教可同时进行，货物的坐标点通过偏移量计算可得。示教的工艺流程主要包括准备、示教和再现三个阶段。

四、编程作业前准备工作

1. 检查货物在托盘位置

按照图 4-4-4 的货物垛形要求，检查上、下层的货物摆放位置。

2. 检查真空吸盘

控制机器人将真空吸盘移至货物待抓取位置，在示教器上采用端口输出的方式，置位数字输出端口 $ OUT[6]，观察真空吸盘是否吸住货物，并移动机器人将货物上提，检查真空吸盘吸附力。

注：吸盘抓取货物的位置需要进行微调，若吸盘与货物距离过近，会损伤货物；距离过远，则无法抓取货物。

3. 传送带运动检查

将传送带手控盒模式旋钮调至"本地"运行模式，通过手控盒上按钮（正转、反转、停止），观察传送带的运动，检查传送带的运动方向和停止功能是否正常。检查完成后将手控盒模式旋钮调至"远程"模式。手控盒如图 4-4-5 所示。

图 4-4-5　手控盒按键图

任务二　码垛站程序构成

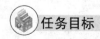 **任务目标**

1. 知识目标

（1）熟悉码垛程序结构；

（2）熟悉码垛货物抓取点位规划方法。

2. 教学重点

码垛程序结构。

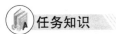
任务知识

一、码垛程序结构

根据任务一中的码垛工艺流程,码垛任务分成了两个工作流程,每一个工作流程都需要执行机器人拆垛、码垛和搬运功能,因此码垛程序结构由主程序、中断程序及两个工作流程的子程序组成,主程序调用两个工作流程的子程序,完成码垛循环工作。

1. A 盘拆垛、B 盘码垛

如图4-4-6所示,根据 A 盘拆垛、B 盘码垛的工作流程,本工作站规划了四个机器人工作子程序,即拆垛 1、抓取 1、搬运 2 及码垛 2。

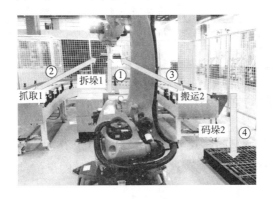

图 4-4-6　A 盘拆垛、B 盘码垛程序规划

子程序规划功能及名称,如表4-4-1所示。

A 盘拆垛、B 盘码垛程序　　　　　　　　　　　　　　　　表4-4-1

工作流程	子程序名	功能说明
①	split1( )	机器人 TCP 移动到 A 盘,对货物进行拆垛,抓取货物后向上提升,等待放置
②	grab1 ( )	机器人将抓取的货物放置到传送带 A 段放置点
③	carry2( )	机器人移动到传送带 B 段,抓取货物,等待 B 盘码垛
④	stack2( )	机器人将货物移至 B 盘进行码垛

注:为了方便记忆和区分,将 A 段和 A 盘相关操作程序名中加入数字"1",B 段和 B 盘程序名中加入数字"2"。

2. B 盘拆垛、A 盘码垛

如图4-4-7所示,根据 B 盘拆垛、A 盘码垛工作流程,本工作站规划了四个机器人工作子程序,即拆垛 2、抓取 2、搬运 1 及码垛 1。

子程序规划功能及名称,如表4-4-2所示。

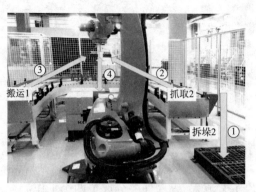

图 4-4-7　B 盘拆垛、A 盘码垛程序规划

A 盘拆垛、B 盘码垛程序　　　　　　　　　　　　　　　　　表 4-4-2

工作流程	子程序名	功能说明
①	split2( )	机器人 TCP 移动到 B 盘,对货物进行拆垛,抓取货物后向上提升,等待放置
②	grab2 ( )	机器人将抓取的货物放置到传送带 B 段放置点
③	carry1( )	机器人移动到传送带 A 段,抓取货物,等待 A 盘码垛
④	stack1( )	机器人将货物移至 A 盘进行码垛

二、码垛货物的位置设定

由于本工作站码垛货物是两层八个纸箱,可以通过示教一个点位置(如箱 1 的抓取点),其余的抓取位置通过偏移量进行计算,这样可以减少示教的点位,增加程序的灵活性和可修改性。

如图 4-4-8 所示,本工作站以箱 1 的抓取点(中心点)为参考点,将参考点坐标设置为 $(0,0)$,结合机器人世界坐标系的方向,确定其余点位的坐标值。确定坐标值的方法有两种,其一是根据箱体尺寸进行计算,其二是用量具进行测量,确定后的坐标值作为程序编写的参数,并根据调试情况进行修改。本工作站 A 盘拆垛从上层开始,货物的拆垛点位参考坐标值(FRAME 类型)见表 4-4-3。

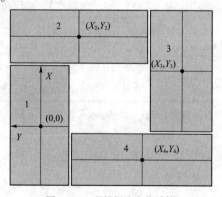

图 4-4-8　码垛抓取点位计算

A 盘货物拆垛点位坐标值(mm)　　　　　　　表 4-4-3

箱　号	X	Y	Z	A	B	C
1	0	0	0	0	0	0
2	590	−70	0	90	0	0
3	640	530	0	0	0	0
4	50	590	0	90	0	0
5	−90	−70	−290	90	0	0
6	500	30	−290	0	0	0
7	620	−550	−290	90	0	0
8	25	−675	−290	0	0	0

示例:

若箱号 1 的示教坐标值为($X\,1000,Y\,50,Z\,-700,A\,0,B\,0,C\,0$)按表 17-3 的坐标值确定,箱号 2 的实际坐标值为:

$$箱\,2\,坐标 = (X\,1000+590,Y\,50-70,Z\,0-700,A\,0+90,B\,0,C\,0)$$
$$= (X1590,Y-20,Z-700,A90,B0,C0)$$

同理,可以根据示教点坐标值计算出所有点位实际坐标值。

 任务实施——确定 B 盘货物的坐标值

1. 任务要求

(1)对托盘 B 进行拆垛,拆垛从上层开始,选取一纸箱为参考点。

(2)用量具测量托盘 B 上其余纸箱与参考点的相对位置,并将数据记录在如表 4-4-3 所示的点位表中。

(3)用机器人示教参考点纸箱的位置,并将 8 个纸箱点位坐标换算为实际值,进行记录。

2. 任务操作

参照本任务中的相关流程进行操作。

任务三　码垛站程序

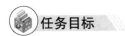 **任务目标**

1. 知识目标

(1)码垛站程序分析;

(2)码垛站程序调试。

2. 教学重点

码垛站程序分析。

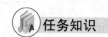

一、码垛站程序端口及变量定义

1. 端口定义

机器人控制程序需要对外部信号进行控制,比如线体正、反转、停止等,同时机器人会采集外部信号辅助程序流程控制。

(1)机器人输入端口定义

机器人输入端口功能定义如表4-4-4所示。

机器人输入端口功能　　　　　　　　　　　　　　　　　表4-4-4

机器人输入信号	信 号 名 称	信 号 来 源
IN[1]	A段机器人允许放料(取料)信号	PLC　Q101.0
IN[2]	B段机器人允许取料(放料)信号	PLC　Q101.1
IN[9]	启动	安全门
IN[10]	暂停	安全门

(2)机器人输出端口定义

机器人输出端口功能定义如表4-4-5所示。

机器人输出端口功能　　　　　　　　　　　　　　　　　表4-4-5

机器人输出信号	信 号 名 称	信 号 送 至
OUT[1]	A段机器人放料(取料)完成信号	PLCI 1.01
OUT[2]	B段机器人取料(放料)完成信号	PLCI 1.02
OUT[3]	机器人控制线体正转	PLCI 1.03
OUT[4]	机器人控制线体反转	PLCI 1.04
OUT[5]	机器人控制线体停止	PLCI 1.05
OUT[6]	气爪(气阀)电磁阀	真空吸盘

2. 变量定义

在编程之前,需要对码垛站程序编写的变量进行集中定义,定义变量主要包括控制变量和坐标位置变量,变量如表4-4-6所示。

码 垛 站 变 量 表　　　　　　　　　　　　　　　　　表4-4-6

变 量 名	变 量 类 型	说 明	备 注
NA	INT	A盘已码垛货物数量	
NB	INT	B盘已码垛货物数量	
NC	INT	A盘已拆垛数量	
ND	INT	B盘已拆垛数量	
POS1-POS8	FRAME	A盘码垛的8个坐标点位	应用在 stack1( )

续上表

变 量 名	变量类型	说　明	备　注
XPOINT1 – XPOINT8	FRAME	A 盘拆垛的 8 个坐标点位	应用在 split1( )
XPOS1 – XPOS8	FRAME	B 盘码垛的 8 个坐标点位	应用在 stack2( )
POINT1 – POINT8	FRAME	B 盘拆垛的 8 个坐标点位	应用在 split2( )

3.编写程序清单

码垛站根据工作流程,规划了 1 个主程序、1 个中断程序和 8 个子程序,程序清单如表 4-4-7所示。

码垛站程序清单　　　　　　　　表 4-4-7

序　号	程序名称	完 成 功 能
1	Main	码垛主程序,完成与外部信号交互控制,子程序调用
2	Ok	中断子程序,用于中断后的恢复
3	carry1	A 段传送带抓取货物子程序
4	carry2	B 段传送带抓取货物子程序
5	grab1	A 段传送带放置货物子程序
6	grab2	B 段传送带放置货物子程序
7	split1	A 盘拆垛子程序
8	Stack1	A 盘码垛子程序
9	split2	B 盘拆垛子程序
10	stack2	B 盘码垛子程序

二、码垛站程序解析

码垛站有两个工作流程,即货物 A-B 盘和货物 B-A 盘,两个流程工作原理相似,程序构成相似,因此下面以 A 盘拆垛、B 盘码垛来分析码垛站程序。

1.主程序

主程序功能是根据工作流程,调用功能子程序,实现码垛过程,主程序可以分为两部分:初始化和码垛过程。

(1)初始化。

主程序初始化程序如图 4-4-9 所示,主要实现参数初始化、中断声明激活及线体的转动。

```
 6 ┌ DEF main( )
 7 ├ INI
30 ├ PTP SAFEPOINT6 VEL=100 % PDAT6 TOOL[1]:TOOL1 BASE[0]
37 ├ PULSE 1 'A段完成' STATE=TRUE CONT TIME=0.1 SEC
41 ├ PULSE 2 'B段完成' STATE=TRUE CONT TIME=0.1 SEC
45 ├ PTP HOME VEL=100 % DEFAULT
53 │ INTERRUPT DECL 20 WHEN $IN[10]==TRUE DO ok()
54 │ INTERRUPT ON 20
55 ├ WAIT TIME=0 SEC
58 ├ OUT 3 '线体正转' STATE=TRUE
61 ├ OUT 4 '线体反转' STATE=FALSE
64 ├ WAIT TIME=1 SEC
```

图 4-4-9　主程序——初始化

程序行解析,如表4-4-8所示。

主程序初始化程序解析 　　　　　　　　　　　　　　　　　表4-4-8

程　序　行	说　　明
P30	程序执行BCO,回到安全初始点
P37-41	机器人输出A、B段完成信号,表示机器人空闲
P53-54	声明和激活中断子程序OK( ),中断号为20,中断触发信号为安全门上"暂停"按钮。在程序执行中,当$IN[10]= =TRUE时,自动跳转中断子程序
P58-61	激活线体正转,传送带开始正转

(2)码垛过程。

码垛过程的程序的如图4-4-10所示。码垛过程的程序构架采用了无限循环LOOP和ENDLOOP指令,当B盘码垛数量满足8的时候,即完成B盘码垛后,采用"EXIT"退出循环。

```
67    Lab:
68    LOOP
69    IF NC>8 THEN
70 ⊞  WAIT FOR ( IN 2 'B段允许机器人' )
73    ENDIF
74    IF NC<9 THEN
75    IF $in[1] and $out[3] and not $out[4] THEN
76 ⊞  PTP SAFEPOINT1 VEL=100 % PDAT1 TOOL[0] BASE[0]
83 ⊞  WAIT TIME=0.1 SEC
86       split1()
87       grab1()
88    ENDIF
89    ENDIF
90    IF $IN[2] and $out[3] and not $out[4] THEN
91       carry2()
92 ⊞  PULSE 2 'B段完成' STATE=TRUE TIME=1.5 SEC
95       stack2()
96       NB=NB+1
97    ENDIF
98    IF NB==9 THEN
99 ⊞  WAIT TIME=2 SEC
102 ⊞ PULSE 5 '线体停止' STATE=TRUE CONT TIME=1.5 SEC
106 ⊞ OUT 3 '线体正转' STATE=FALSE
109 ⊞ WAIT TIME=0.5 SEC
112 ⊞ OUT 4 '线体反转' STATE=TRUE
115    NB=1
116    NC=1
117    EXIT
118    ENDIF
119    ENDLOOP
```

图4-4-10　主程序——码垛过程

程序行解析如表4-4-9所示。

主程序码垛过程程序解析 　　　　　　　　　　　　　　　　　表4-4-9

程　序　行	说　　明
P69~73	利用IF条件判断指令,在A盘拆完8个货物后,等待货物到达B盘
P74~89	①将A盘上货物拆垛、抓取,并放置在A段传送带上; ②采用IF嵌套条件判断指令,同时满足A盘货物(数量NC)还未抓完、PLC允许机器人抓取料、线体正转条件时,顺序执行A盘拆垛(split1)、将货物抓到A段(grab1)

续上表

程 序 行	说 明
P90~97	①当 B 段有货物时,将 B 段货物抓取,并在 B 盘上码垛; ②采用 IF 条件判断指令,同时满足 PLC 允许机器人 B 段抓取料、线体正转条件时,机器人顺序执行 B 段上抓取货物(carry2)、将货物在 B 盘上码垛(stack2),完成后 B 盘码垛数量(NB)自动加 1
P98~118	①完成 B 盘 8 个货物码垛后,执行变量复位及退出; ②采用 IF 条件判断指令,在满足 B 盘码垛完成后,先后执行线体停止和线体反转,复位 NB 和 NC 变量,为后续的 B 盘拆垛、A 盘码垛做准备

2. 中断子程序

中断子程序是在码垛过程中按下安全门上"暂停"按钮后,停止机器人和线体的运动,当等待到"启动"按钮信号后,线体恢复运动,程序返回跳入中断前的程序行继续执行(图 4-4-11)。

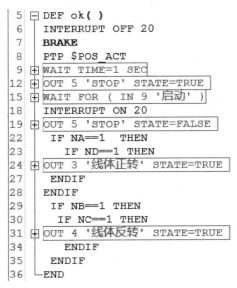

```
 5  ┌ DEF ok( )
 6  │   INTERRUPT OFF 20
 7  │   BRAKE
 8  │   PTP $POS_ACT
 9  ├   WAIT TIME=1 SEC
12  ├   OUT 5 'STOP' STATE=TRUE
15  ├   WAIT FOR ( IN 9 '启动' )
18  │   INTERRUPT ON 20
19  ├   OUT 5 'STOP' STATE=FALSE
22  │     IF NA==1   THEN
23  │       IF ND==1 THEN
24  ├       OUT 3 '线体正转' STATE=TRUE
27  │       ENDIF
28  │     ENDIF
29  │     IF NB==1 THEN
30  │       IF NC==1 THEN
31  ├       OUT 4 '线体反转' STATE=TRUE
34  │       ENDIF
35  │     ENDIF
36  └ END
```

图 4-4-11 中断子程序 OK

程序行解析如表 4-4-10 所示。

中断子程序解析　　　　　　　　　　　　　　表 4-4-10

程 序 行	说 明
P6	取消激活中断 20,此时安全门上"暂停"按钮不起作用
P7	用 BRAKE 指令制动机器人,制动斜坡为 STOP2
P8	机器人运动到发生中断的位置
P12	停止线体运动
P15	等待安全门"启动"按钮信号,若无此信号,程序指针一直指向本行语句,不得向下执行
P18	当等待到"启动"信号后,激活中断 20,安全门上"暂停"按钮重新起作用
P19	复位"线体停止"信号,允许线体启动

程 序 行	说　　明
P22 ~ 28	①利用变量 NA 和 ND,判断中断前线体是正转,然后启动正转线体; ②NA(A 盘码垛数量)和 ND(B 盘拆垛数量)都为"1"时,说明机器人没有执行 B 盘拆垛、A 盘码垛,则线体肯定是正转状态
P29 ~ 35	①利用变量 NB 和 NC,判断中断前线体是反转,然后启动反转线体; ②NB(B 盘码垛数量)和 NC(A 盘拆垛数量)都为"1"时,说明机器人没有执行 A 盘拆垛、B 盘码垛,则线体肯定是反转状态

3. A 盘拆垛子程序

A 盘拆垛子程序采用 SWITCH CASE 多分支指令编程,其编程原理是首先将 A 盘 8 个纸箱的抓取点坐标写入程序(坐标位置计算见任务二),以 NC(拆垛数量)来判断抓第几个纸箱,并跳转到相应的分支里面执行抓取操作(图 4-4-12)。

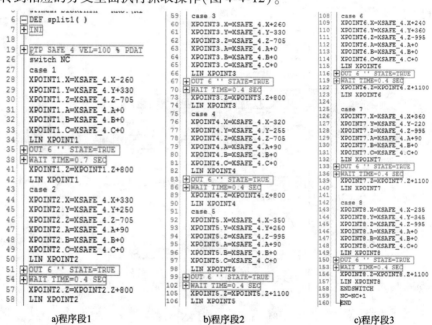

a)程序段1　　　　　　　b)程序段2　　　　　　　c)程序段3

图 4-4-12　A 盘拆垛子程序 split1

程序行解析见表 4-4-11。

A 盘拆垛子程序解析　　　　　　　　　　　　　　表 4-4-11

程 序 行	说　　明
P19	示教抓取的准备点"SAFE_4",并将该点作为偏移量计算的基准点
P26	SWITCH 多分支指令,控制跳转变量 NC(A 盘拆垛数量)
P28 ~ 33	为纸箱 1 的抓取点 XPOINT1 赋值,需准确示教,以保证后续点位的准确性
P34	利用 KRL 指令,机器人从准备点"SAFE_4"直线移动到 XPOINT 点
P35	将真空吸盘控制端"6"置"TRUE",吸盘吸住纸箱
P41	将抓取点位置 XPOINT1 的 Z 值偏移 +800mm,即将 XPOINT1 位置提高 800mm

续上表

程 序 行	说 明
P42	将纸箱 1 从抓取点垂直提高 800mm
P43～158	分别是其余 7 个纸箱的拆垛程序,与纸箱 1 程序类似
P159	执行完 A 盘纸箱拆垛后,NC(A 盘拆垛数量)自动加 1

4. A 段传送带放置货物子程序

子程序完成将从 A 盘拆垛抓取的货物放置于 A 段传送带上的任务,程序主体结构为轨迹示教(图 4-4-13)。

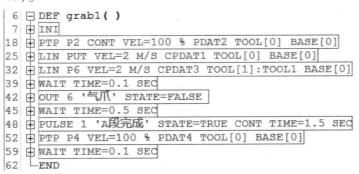

图 4-4-13 A 段传送带放置货物子程序 grab1

程序行解析见表 4-4-12。

A 段传送带放置货物子程序解析   表 4-4-12

程 序 行	说 明
P18	将货物移动至避让点 P2
P25～32	将货物移动经过 PUT 点,然后到达 A 段放置点 P6,放置位置保证 A 段两个传感器都能检测到货物信号
P42	将真空吸盘控制端"6"置"FALSE",吸盘松开货物
P48	机器人向 PLC 输出一个 1.5s 的"A 段机器人抓取料完成"信号
P52	机器人移至避让点 P4,等待下一步操作

5. B 段传送带抓取货物子程序

子程序完成机器人从 B 段传送带上抓取货物的任务,程序主体结构为轨迹示教(图 4-4-14)。

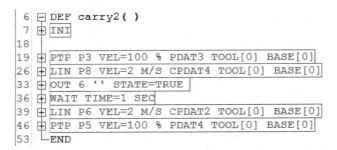

图 4-4-14 B 段传送带抓取货物子程序 carry2

程序行解析见表 4-4-13。

B 段传送带抓取货物子程序解析 表 4-4-13

程　序　行	说　　明
P19	机器人从上一工作点移动至避让点 P3
P26	机器人直线移动到 B 段货物抓取点 P8
P26	将真空吸盘控制端"6"置"TRUE",吸盘吸住货物
P39~46	机器人将货物抓取到 P5 点,等待下一步操作

6. B 盘码垛子程序

B 盘拆垛子程序结构与 split1( )程序相似,采用 SWITCH CASE 多分支指令编程,其编程原理是将 8 个纸箱在 B 盘的放置点坐标写入程序,以 NB(B 盘码垛数量)来判断放第几个纸箱,并跳转到相应的分支里面执行放置操作(图 4-4-15)。

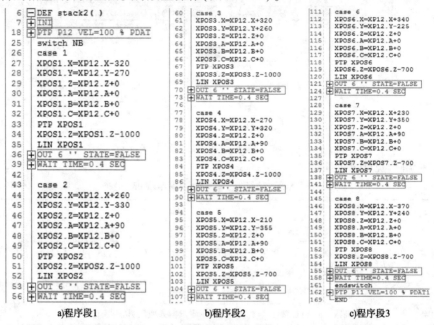

a)程序段1　　　b)程序段2　　　c)程序段3

图 4-4-15　B 盘码垛子程序 stack2

程序行解析见表 4-4-14。

B 盘码垛子程序解析 表 4-4-14

程　序　行	说　　明
P18	示教抓取的准备点"P12",并将该点作为偏移量计算的基准点
P25	SWITCH 多分支指令,跳转变量 NB(B 盘码垛数量)
P27~32	为纸箱 1 的放置点 XPOS1 赋值,需准确示教,以保证后续点位的准确性
P33	利用 KRL 指令,机器人从准备点"P12"直线移动到 XPOS1 点的正上方
P34~P35	将纸箱移至放置点 XPOS1 点
P36	将真空吸盘控制端"6"置"FALSE",吸盘松开货物,完成纸箱码垛
P43~161	分别为其余 7 个纸箱的码垛程序,与纸箱 1 程序类似
P162	将机器人 TCP 移至 P11 点,等待下一步操作

任务实施——码垛站程序调试

1. 任务要求

按照码垛站工艺流程,编写码垛站程序,示教码垛站运动轨迹,实现 B 盘拆垛、A 盘码垛。

2. 任务操作

参照本任务中的程序结构编写,调试程序。

课 后 习 题

一、选择题

(1)中断程序中的指令"PTP ＄ POS_ACT",其中 ＄ POS_ACT 表示的是(　　)。

    A. 当前位置　　　　　　　　　　B. 中断时的位置

    C. 中断时前一个目标点位置　　　D. 中断时后一目标点位置

(2)工业机器人码垛站一个示教点为 XP1,当需要将 XP1 点的 X 值向正方向增加 100mm 时,下面表达式正确的是(　　)。

    A. XP1 = X + 100　　　　　　　　B. XP1 = XP1. X + 100

    C. XP1. X = X + 100　　　　　　　D. XP1. X = XP1. X + 100

二、简答题

(1)工业机器人码垛站 A 盘拆垛、B 盘码垛工作流程有哪些?

(2)码垛站程序构成及功能是什么?

(3)简述 SWITCH-CASE 多分支指令编程时,结构中 DEFAULT 语句的功能。

项 目 小 结

本项目主要包括三个学习任务。第一个任务主要讲述码垛站工艺流程和垛形分析,学生需了解码垛站实现功能,熟悉 A 盘拆垛、B 盘码垛和 B 盘拆垛、A 盘码垛两个工作流程,为后续分析码垛站程序结构和程序编写奠定基础。第二个任务主要讲述码垛站程序构成和码垛货物位置参数的确定方法,学生需掌握根据工作过程规划程序结构,熟悉码垛站货物位置的计算方法,为码垛站程序编制做好准备工作。第三个任务主要讲述码垛站程序,学生学习码垛站程序编写,通过分析和识读主程序、中断子程序、拆垛子程序及码垛子程序等,熟悉程序编制的主体结构,掌握 KRL 和示教编程指令的综合应用。

参 考 文 献

[1] 戴建树.机器人焊接工艺[M].北京:机械工业出版社,2019.

[2] 邱葭菲,许研妩,庞浩.工业机器人焊接技术及行业应用[M].北京:高等教育出版社,2018.

[3] 董春利.机器人应用技术[M].北京:机械工业出版社,2015.

[4] 杜志忠,刘伟.点焊机器人系统及编程应用[M].北京:机械工业出版社,2015.